LA VÉRITÉ

SUR LE

PRÉTENDU SILPHION

DE LA CYRÉNAÏQUE

PARIS. — IMPRIMERIE DE E. DONNAUD, RUE CASSETTE, 9.

LA VÉRITÉ

SUR LE

PRÉTENDU SILPHION

DE LA CYRÉNAÏQUE

(Silphium Cyrenaïcum, du Dr Laval)

CE QU'IL EST;
CE QU'IL N'EST PAS.

PAR

F. HERINCQ

ATTACHÉ AU MUSÉUM D'HISTOIRE NATURELLE DE PARIS

PARIS
LIBRAIRIE DE LAUWEREYNS
2, RUE CASIMIR-DELAVIGNE, 2

1875

DU SILPHION DES ANCIENS

ET DU

SILPHIUM CYRÉNAICUM DES MODERNES (1).

Depuis quelque temps on fait beaucoup de bruit autour d'une plante, récoltée en Cyrénaïque, et qu'on a appelée *Silphium Cyrenaïcum*, mais dont le nom botanique est *Thapsia silphium* de Viviani, et mieux encore *Thapsia garganica* de Linné. Les gens du pays l'appellent *Dirias*, ou *Drias*.

Les uns prétendent que c'est le fameux *Silphion* des Grecs, qui était employé à la fois comme épice et comme médicament; d'autres répondent, avec tous les auteurs anciens, que le Silphion des Grecs a disparu dès le IVe ou le Ve siècle, et que la plante en question est tout simplement le *Thapsia garganica* de Linné, qui croît abondamment en Algérie, en Espagne, en Italie, etc., que MM. Bertherand et Reboulleau ont fait connaître en 1857, et que le pharmacien Leperdriel exploite depuis longtemps à Paris (*emplâtre de thapsia*). — Les uns parlent du Silphium cyrenaïcum comme s'il avait été découvert par le Dr Laval; d'autres font remarquer qu'il n'y a pas eu découverte, si c'est le Thapsia garganica, et que s'il y avait découverte, le mérite en reviendrait à Della Cella, qui l'apportait au natu-

(1) Pour éviter toute confusion, nous écrirons toujours *Silphion* lorsqu'il s'agira de la plante des anciens, et *Silphium* lorsqu'il s'agira de celle des modernes.

raliste Viviani en 1817. Plus tard Pacho, Barth, Hamilton, le retrouvaient en Cyrénaïque et le signalaient comme très-commun dans cette contrée. — Les uns annoncent bruyamment que le *Silphium cyrenaïcum* guérit la *phthisie pulmonaire* à tous les degrés, la *phthisie laryngée*, les *angines catarrhales*, la *méningite tuberculeuse, etc*; d'autres se montrent tout à fait incrédules à l'endroit de cette affirmation, et pensent qu'elle ne peut suffire pour arrêter l'attention des médecins sérieux.

Presque tous les travaux qui ont été publiés récemment sur ce sujet, n'ont eu d'autre résultat que de le compliquer et de l'obscurcir. Nous citerons, par exemple, une thèse volumineuse de M. Deniau (1868), qui abonde en citations et en renseignements, mais qui conclut, contre toute évidence, à l'identité du *Silphion* des Grecs et de l'*Asa fœtida*. Nous citerons encore un article de M. Stanislas Martin qui donne une solution absolument inacceptable, en affirmant que les anciens ont confondu le *Silphion* avec le *Thapsia*. Nous citerons enfin les articles ou les brochures de MM. Laval, Cauvet, Derode et Deffès, qui contiennent une foule d'erreurs, et seront l'objet ici même de réfutations complètes.

Il est temps, croyons-nous, de porter la lumière sur cette question si débattue. Il est temps de dissiper les équivoques et de mettre à néant des assertions téméraires et des *erreurs* regrettables.

I

Les Grecs appelaient *Silphion* (σιλφιον), et les Romains *Laserpitium*, une plante qui croissait plus particulièrement dans la Cyrénaïque, et qui donnait, par des incisions faites à la racine et à la tige, un suc gommo-résineux que les Grecs appelaient *Laseros*, et les Latins *Laser*, que l'on employait comme condiment, et auquel on attribuait des propriétés merveilleuses, comme par exemple de rendre la vue, de guérir les plaies venimeuses, de rajeunir, etc.; aussi se vendait-il au poids de l'or.

On donnait à cette plante une origine surnaturelle. Les auteurs grecs ont écrit que sept ans avant la fondation de Cyrène, qui fut bâtie l'an 143 de Rome, le *Silphion* fut produit tout à coup par une sorte de pluie poisseuse qui tomba en Afrique, aux environs du jardin des Hespérides et de la grande Syrie, et que la vertu productive de cette pluie s'étendit l'espace de quatre mille stades.

Tous les auteurs s'accordent à dire, que le *Silphion* devint de plus en plus rare, dans la Cyrénaïque, dès le premier siècle de l'ère chrétienne, et qu'il finit par disparaitre complétement; mais ils expliquent sa disparition de diverses manières plus ou moins acceptables.

Pline raconte que de son temps on trouva, dans la Cyrénaïque, *un seul pied* de cette plante, et qu'il fut envoyé à l'empereur Néron.

Quoi qu'il en soit, disent Mérat et de Lens, le *Silphion* devint inconnu aux générations suivantes, et son image ne se retrouva plus que sur des médailles ou des monnaies qui représentent, d'un côté les diverses parties de la plante (tige, racine, graines...), et de l'autre une tête de prince.

Il ne faut pas confondre ce *Silphion* des Grecs avec les divers Silphium des botanistes : S. laciniatum — S. compositum — S. terebinthinaceum.... tous originaires de l'Amérique septentrionale, et qui appartiennent à la famille des *Composées.*

Et quant aux Laserpitium des naturalistes modernes, il y en a un grand nombre d'espèces: L. gummiferum — L. latifolium — L. Siler — L. triquetrum — L. ferulaceum, etc....

Il était naturel qu'on se demandât à quelle plante parmi celles qu'on connaît aujourd'hui, il fallait rapporter le *Silphion* des Grecs ou *Laserpitium* des Romains. De nombreuses recherches ont été faites dans ce but. On s'est accordé, généralement, à regarder la plante qui produisait le *Laser* comme une ombellifère (sans en fournir la preuve cependant); mais il y a eu beaucoup moins d'unanimité lorsqu'il s'est agi de désigner le genre et l'espèce.

Plusieurs végétaux qui croissent en Afrique ont été successivement indiqués : le Thapsia garganica ; le Ferula tingitana; le Laserpitium gummiferum ; Le Ferula Asa fœtida ; le Laserpitium Siler, etc.

En 1817, Della Cella rapporta de la Cyrénaïque plusieurs végétaux, entre autres une ombellifère qu'il supposait être le *Silphion* des anciens. Il la soumit au naturaliste Viviani qui crut y reconnaître, d'une part, les caractères du Silphion des monnaies, d'autre part une grande ressemblance avec le Thapsia garganica, et l'appela *Thapsia silphium* (c'est le Silphium cyrenaïcum prôné de nos jours). Mais, ainsi que le font remarquer Mérat et de Lens, la certitude de Viviani et de Della Cella ne pouvait pas être absolue.

La certitude n'était absolue pour personne, puisque quelques années plus tard en 1826, la *Société* de *géographie* instituant un prix pour la description de la Cyrénaïque, exprimait le vœu qu'on recherchât si le *Silphion* se trouvait parmi les plantes du pays.

M. Pacho, qui obtenait le prix de géographie, avait récolté le *Thapsia silphium* de Della Cella et de Viviani (Silphium cyrenaïcum du Dr Laval), et il était porté à croire que c'était le *Silphion* des anciens ; mais il hésitait à se prononcer nettement, parce qu'il avait trouvé sa plante sur les collines septentrionales de la Cyrénaïque, alors que les indications géographiques marquaient sa place bien plus au midi. Ses doutes sont constatés en ces termes par le rapporteur :

« Quel scrupule empêche donc notre voyageur, dit-il, de re-
» connaître définitivement dans son *Laserpitium derias* le *Sil-*
» *phion* des anciens ?... M. Pacho n'a pas osé décider que sa
» plante fut le *Silphion* des Grecs. Cette modestie, peut-être
» exagérée, nous a valu de précieuses recherches. »

La question en était là, lorsqu'en 1873, le Dr Laval, médecin-major à l'hôpital militaire de Valenciennes, remettait au jardin d'acclimatation de Paris, des graines qu'il étiquetait *graines de Silphion de la Cyrénaïque*, et tâtait le terrain pour voir si l'on découvrirait le nom scientifique de la plante à laquelle elles devaient être attribuées. Il accompagnait son envoi de la note suivante : « Cette plante croît abondamment autour des ruines
» de Cyrène et des autres villes de la Pentapole libyque, sur
» des plateaux élevés de 200 à 500 mètres au-dessus du niveau
» de la mer, et exposés à une température de 15° pendant les
» mois de décembre, janvier et février. Elle semble préférer
» les sols siliceux. Elle fleurit pendant les mois d'avril et de
» mai. »

Les graines du Dr Laval furent apportées au Muséum d'histoire naturelle pour avoir le renseignement demandé.

Je fus le premier à examiner ces graines. Leur structure me fit voir immédiatement qu'il s'agissait d'un *Thapsia*, et en les comparant avec les diverses espèces de ce genre, que possède notre riche herbier général, je fus convaincu que j'avais sous les yeux les semences du *Thapsia garganica* de Linné, qui croît en Algérie, en Espagne, en Italie, et dans toutes les régions bordant, des deux côtés, la Méditerranée.

J'ignorais, à ce moment-là, qu'on songeait à exploiter un *médicament merveilleux;* je m'étais donc occupé de la détermination de l'espèce au simple point de vue botanique, et sans idée préconçue.

Mon opinion, confirmée plus tard par les hommes les plus compétents, ne fut point du goût du Dr Laval. Il ne tarda pas à venir au Muséum pour consulter l'herbier général et pour me signaler les caractères qui différenciaient, suivant lui, le *Thapsia garganica* de son *Thapsia silphium* qu'il affirmait être le fameux *Silphion* des Grecs. C'est alors seulement qu'il fut question des guérisons *miraculeuses* qu'il disait obtenir avec l'extrait de la plante récoltée par lui sur le plateau de Cyrène. Je n'eus pas de peine à lui démontrer, pièces en mains, que ses graines et celles du *Thapsia garganica* ne présentaient aucun caractère différentiel, qu'elles étaient absolument identiques. Voici du reste le dessin des deux graines :

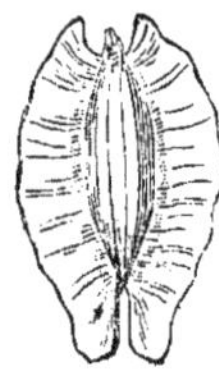

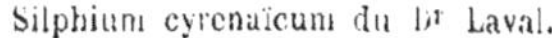

Silphium cyrenaïcum du Dr Laval.

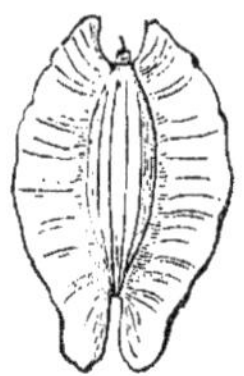

Thapsia garganica.

Le Dr Laval se tourna alors du côté des *feuilles*. Il prétendit que les segments de son *Thapsia* étaient ternatiséqués avec trois lobes, et qu'il n'en était pas de même pour le *Thapsia garganica*. Je lui prouvai, par les échantillons de notre herbier, qu'il était dans l'erreur. — Il n'invoqua pas alors les racines, qui, *depuis quelque temps*, constitueraient le caractère distinctif, mais que l'on se garde bien de montrer.

L'attitude de Dr Laval dénotait un homme fort peu au courant des choses de la botanique ; de plus, ses arguments manquaient de point d'appui. En effet, les caisses, qui contenaient précisément les diverses parties de la plante, avaient été perdues, disait-il, au chemin de fer, et il n'avait sauvé du *naufrage* que *l'extrait*, le précieux extrait qui opérait des prodiges.

J'engageai néanmoins le Dr Laval à lire une note sur ce sujet à la *Société botanique de France*, et MM. les professeurs Brongniart et Bureau, auxquels je venais de le présenter, lui donnèrent le même conseil. Quelque temps après, il publia sur le *Thapsia silphium* cinq à six pages dénuées de toute valeur scientifique, et au lieu de suivre notre avis, en s'adressant à ses juges naturels, c'est-à-dire à des botanistes, il frappa à la porte du *Bulletin de la Société d'acclimatation*. Evidemment il craignait d'être attaqué et vaincu, comme au Muséum, sur la question de l'espèce, s'il parlait devant les hommes compétents de la *Société botanique de France*.

La description du *Thapsia silphium* ou *Cyrenaïca* de Laval donnée par Viviani (1) et celle du *Thapsia garganica* donnée par de Candolle (2), ne laissent aucun doute dans l'esprit du botaniste. L'identité est parfaite.

Le caractère trifide des segments terminaux n'est pas très-nettement indiqué dans la phrase caractéristique du Thapsia garganica donnée par Linné ; c'est là, sans doute, ce qui avait induit en erreur Viviani, et l'avait porté à faire du *Thapsia* recueilli par Della Cella une nouvelle espèce, le *Thapsia silphium*, en la déclarant, du reste, très-voisine du *Thapsia garganica* « cui nostra species valde proxima ». A l'époque où Viviani publiait la flore Libyque (1824), il n'avait à sa disposition, pour la diagnose du *Thapsia garganica*, que la description imparfaite de Linné, de Gouan, etc., et il pouvait croire tout naturellement à la nouveauté de la plante cyrénéenne. Mais aujourd'hui que les matériaux se sont accumulés dans les collections botaniques, la description de la plante a pu être complétée ; il n'y a plus de différence entre la description

(1) Viviani. *Floræ Libycæ*, page 17.

(2) *Prodromus systematis naturalis regni vegetabilis*, vol. IV, page 202.

de de Candolle, plus récente que celle de Linné, et la description donnée par Viviani en 1824; qu'on en juge :

Thapsia garganica.	*Thapsia silphium.*
Foliis bi tri-pinnatisectis, nitidis, laciniis linearibus acutis elongatis, secus margines integerrimis. Variat petiolis glabris aut pilis sparsis subhirsutis. (De Candolle : *Prodromus*, tom. 4, pag. 202.)	Foliis pinnatis, foliolis multipartitis, laciniis simplicibus trifidis, omnibus linearibus elongatis, utrinque hirsutis margine revolutis. (Viviani : *Floræ Libycæ*, p. 17).

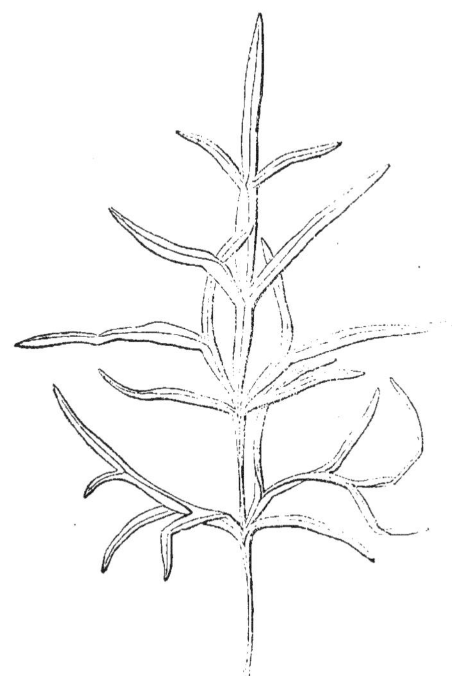

Fragment, grandeur naturelle, du Thapsia garganica, de la plaine de Blidah.

Ainsi, tandis que de Candolle dit : Les feuilles sont deux ou trois fois pennées, Viviani décrit les siennes comme pennées, à folioles divisées en nombreuses lanières, les unes simples les autres trifides, ce qui revient exactement au même. Le caractère sur lequel Laval s'appuyait (les folioles à trois lobes), se retrouve dans les deux plantes, par conséquent la différence invoquée par lui n'existe en aucune façon. Quant au caractère

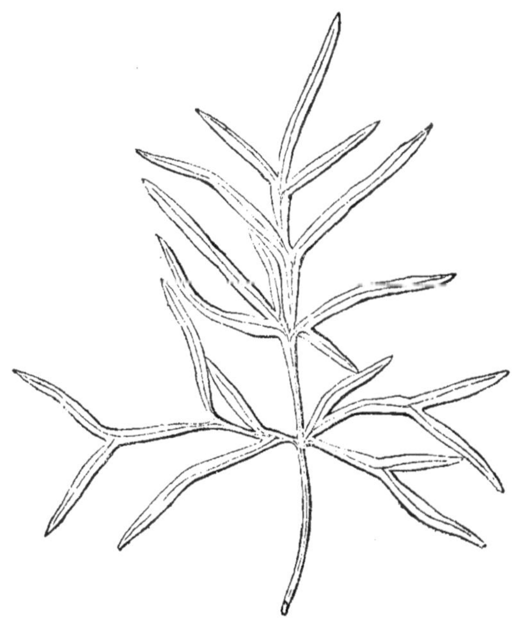

Silphium cyrenaïcum, de la Cyrénaïque (fragment de feuille grandeur naturelle).

« *margine revolutis* », c'est tout simplement l'effet d'une mauvaise préparation de l'échantillon soumis à l'auteur de la *Flore libyque*; on retrouve ce caractère dans les échantillons d'herbier du *Thapsia garganica*, notamment dans un échantillon de cette espèce récoltée aux îles Baléares, et qui a été donné au Muséum par M. Cambessédes.

Au moment où j'écris ces lignes, je reçois une feuille de *Silphium cyrenaïcum*, recueillie, sous les yeux du Dr Laval, par le consul des Etats-Unis à Tripoli. Ce spécimen confirme ma démonstration de la façon la plus décisive. J'en mets un fragment en regard d'un fragment de feuille de *thapsia garganica* (voir page 8 et 9).

Battus successivement sur le chapitre des *graines* et sur le chapitre des *feuilles*, ceux qui exploitent aujourd'hui le Silphium cyrenaïcum, dans une boutique *ad hoc*, devaient tout naturellement chercher ailleurs un refuge et d'autres arguments. Le Dr Laval n'avait parlé, lors de ses visites au Muséum, que des *graines* et des *feuilles*; plus téméraires que lui, ses associés — MM. Derode et Deffès — ont songé à mettre en jeu la *racine* (la racine, qu'ils se gardent bien de montrer), et à la représenter comme fournissant les véritables caractères distinctifs entre leur *Silphium cyrenaïcum* et le *Thapsia garganica.*

« Le Thapsia *garganica*, disent-ils, n'a qu'une racine pivo-
» tante et *quelquefois* bifurquée à son extrémité, tandis que
» notre Thapsia *silphium* a des racines grosses et nombreuses,
» *traçantes*, divergentes, horizontales; de la souche principale
» naissent quatre à huit rhizomes qui atteignent une longueur
» de 70 à 80 centimètres, et quand leur extrémité rencontre la
» surface du sol, elle donne naissance à une nouvelle souche. »

Or, ce n'est pas *quelquefois* que la racine de Thapsia garganica est bifurquée à son extrémité, c'est *toujours*, à un certain âge; j'ai sous les yeux, en ce moment, des racines qui ont 3, 4, et jusqu'à 9 bifurcations, toutes *très-horizontales*. Quant aux 4 ou 8 rhizomes de la souche principale, qui seraient un caractère distinctif du Silphium cyrenaïcum, nous dirons que ce caractère appartient à presque toutes les espèces d'ombellifères vivaces, aux Heracleum, aux Férule, aux Thapsia, etc. ; Du reste aucun botaniste ne croit à ces racines *traçantes*, à ces nouvelles souches qui seraient produites par les rhizomes lorsque leur extrémité rencontre la surface du sol.

Nous avons dit que les hommes les plus compétents, les botanistes les plus distingués, ont exprimé la même opinion que nous sur le sujet qui nous occupe; à cet égard les témoignages abondent :

Le médecin principal Thomas, chargé il y a quelque temps, par le baron Larrey, alors président du conseil de santé des armées, de faire un rapport sur cette question du Silphium, dont le Dr Laval l'avait entretenu plusieurs fois par correspondance, concluait ainsi, après un mûr examen :

« La plante, regardée par le Dr Laval comme le Silphion » des anciens, est le *Thapsia garganica* des botanistes, ou le » *Bou-nafa* des Arabes. » Il ne partage pas les opinions du Dr Laval sur les propriétés de la plante soumise à son examen. (voir Cauvet, *Nouveaux éléments d'histoire naturelle médicale*, p. 320.)

M. Cosson, le savant auteur de la *Flore algérienne*, après avoir lu la description du Silphium cyrenaïcum du Dr Laval, y reconnaît aussi le Thapsia garganica (Cauvet, *ibid.* p. 320).

M. Cauvet, pharmacien-major à Nancy, précédemment à Constantine, avec le Dr Laval, après avoir examiné les *graines* et les fragments de *racine* de cette plante, écrivait récemment à un de nos amis : « Ce que j'ai vu du Silphium cyrenaïcum » (semences et racines), ne diffère pas des mêmes parties du » Thapsia garganica. Les éléments histologiques sont les mêmes, » et semblablement placés dans les racines des deux plantes. »

En 1850, M. de Rouville, consul de France à Benghazi, apportait à M. Decaisne, professeur au Muséum d'histoire naturelle, des graines en tout semblables à celles que le Dr Laval remettait en 1873 à la Société d'acclimatation, et le savant botaniste les reconnaissait pour des graines de *Thapsia garganica.* (Collection des graines au Muséum.)

M. Stanislas Martin, l'un des collaborateurs du *Bulletin général de thérapeutique*, a examiné avec soin, au Muséum, les graines du Dr Laval et celles du Thapsia garganica, qu'il avait reçues d'Alger, et il les a trouvées identiques. Il a recueilli, sur le sujet qui nous occupe, l'opinion de M. Planchon, professeur à l'école de pharmacie de Paris; de M. Baillon, professeur à l'école de médecine ; de M. Cosson, membre libre de l'Institut; tous ces savants sont d'avis que le Silphium cyrenaïcum du Dr Laval n'est pas autre chose que le *Thapsia garganica*.

Il est bon d'ajouter d'une part, que les indigènes de la Cyrénaïque appellent *Dirias* ou *Drias* le Silphium cyrenaïcum ; et que les Arabes de l'Algérie appellent aussi *Dirias* ou *Drias*, le Thapsia garganica ; et d'autre part, que la gomme résine du Silphium cyrenaïcum contient, comme la gomme résine du Thapsia garganica, deux principes : l'un vésicant, l'autre résolutif.

Chose étrange ! Le Dr Laval connaissait parfaitement la plupart de ces faits et de ces témoignages, qui démentaient ses affirmations à l'endroit du Silphion, et pourtant, dans un article qu'il publiait naguère sur ce sujet (*Bulletin de la Société d'acclimatation de Paris*, mars 1874), il ne les combat aucunement, *il n'y fait même pas la moindre allusion !*

Chose non moins étrange ! Le Dr Laval rapporte de ses voyages, en Cyrénaïque, une certaine quantité de Silphium, et lorsqu'on lui dit qu'il n'est pas le Silphion des Grecs, qu'il est tout simplement le Thapsia garganica, il n'a pas une seule partie du végétal (tige, feuille, racine, fleurs) à mettre sous les yeux de ses juges ! Tantôt la provision est épuisée; tantôt il a perdu ses caisses ! Le Silphium abonde à Paris, dans la pharmacie homœopathique de son compagnon de voyage, de son associé, et il ne va pas puiser à cette source, qu'il a sous la main, soit la plante entière, soit quelques fragments, pour s'en faire une arme contre ses contradicteurs ! Il est en possession, depuis longtemps, d'une plante qui doit guérir la *phthisie pulmonaire* à tous les degrés, la *phthisie laryngée, l'angine catarrhale*, la *méningite tuberculeuse*... et il ne songe à la faire nommer scientifiquement qu'en 1873 ! Il fait deux ou trois fois un très-long voyage, et il ne rapporte jamais quelques spécimens de son Silphium, pour les mettre en regard du Thapsia garganica qu'on lui oppose ! Cet argument était bien simple à la fois et bien décisif ; il valait mieux que toutes les affirmations, mieux que toutes les descriptions botaniques. Pourquoi n'a-t-il pas été employé ?

Enfin, il y a quelque temps, le Dr Reboud, médecin militaire à Constantine, écrivait à la *Société botanique de France* : « Le » Thapsia Silphium (Silphium cyrenaïcum) est extrêmement » abondant dans la Cyrénaïque... Le Dr Laval comptait rap» porter environ 200 kilos de cette plante *concassée*, ou » réduite en *poudre* plus ou moins grossière. »

Pourquoi concassée, ou en poudre? Pourquoi ce mystère sur la plante qu'on ne consent pas à montrer entière, dont on ne voit jamais les feuilles, la tige, la racine, les fleurs (1) ?

On aura peut-être le mot de l'énigme après avoir lu l'article du Dr Prat (voir le *Pays*, mars 1875), sur un médicament tout nouveau, le *Jaborandi*. Nous citons les principaux passages :

« Il y a un an à peu près, M. le docteur Coutinho introduisait en France, sous le nom de *jaborandi*, une nouvelle substance venant du Brésil, et douée, suivant lui, de propriétés thérapeutiques très-actives. Mise en expérimentation par M. le professeur Gubler et M. le docteur Rabuteau, cette substance excitait à un très-haut degré la production de la sueur et de la salive, c'est-à-dire, pour employer le langage scientifique, qu'elle était sudorifique et sialalogue. On l'essaya (ce fut

(1) On peut ajouter, à tous ces faits bien singuliers, l'explication que donne le Dr Laval de la restriction mise par la nature à l'extension du Silphium : « Un insecte de l'ordre des hémiptères, dit-il, détruit annuellement *toutes les graines* du Thapsia Silphium et en rend la reproduction impossible par la graine. »

Que dire de ces insectes qui se font les gardiens fidèles des intérêts cyrénéens, en détruisant *partout* et une à une, *toutes* les graines qui, portées par les vents, auraient propagé l'espèce au-delà de ce coin de terre privilégié? Aucun botaniste ne croit à cette œuvre de destruction, et ce n'est pas sans tristesse que nous enregistrons une pareille affirmation.

avec succès), dans certaines affections où les sudorifiques et les sialalogues étaient formellement indiqués.

Le nouveau médicament avait des feuilles obovales, allongées; sa saveur était piquante et poivrée. Mais, si savant qu'on soit, n'avoir que des feuilles pour reconnaître un végétal et le classer, après lui avoir constitué un état civil, c'est trop peu et tout à fait insuffisant pour un botaniste. M. le professeur Baillon a pourtant fait ce tour de force.

Dans la plante qu'on lui avait confiée pour ses essais, il y avait une ruse commerciale qu'il lui fallait déjouer tout d'abord. On voulait bien faire constater les propriétés curatives d'un nouvel agent thérapeutique; mais on voulait surtout garder le secret sur le nom et la provenance de la plante elle-même, afin de s'assurer le monopole de l'exploitation. Pour rendre impuissante cette science tant redoutée, on brisait préalablement la plante, on la concassait, on en fendait les tiges, et on se gardait bien d'en montrer les fleurs.

Les botanistes ne désespérèrent pas d'eux-mêmes; ils ne se laissèrent pas rebuter par des difficultés suscitées à plaisir, et qui semblaient devoir être insurmontables. A force de patience, d'observation attentive et rigoureuse des moindres détails, ils purent se mettre sur la voie qui devait les mener au but désiré. Ce fut M. le Dr Baillon, professeur de botanique à la Faculté de médecine, qui arriva *premier* sur la trace de la vérité, et il finit par la découvrir tout entière.

Les professeurs lui ayant remis quelques feuilles de jaborandi, le docteur Baillon constata immédiatement que, vues contre le soleil, ces feuilles présentaient une ponctuation pellucide, demi-transparente. C'est ainsi qu'on voit les feuilles du *millepertuis* (hypericum perforatum), si commun dans notre pays; ces feuilles sont criblées de mille petits trous qui sont autant de vésicules remplies d'huile essentielle.

Peu de plantes présentent ce caractère. Le professeur Baillon écarta pourtant l'*hypericum*; il vit plus d'analogie avec la famille des Aurantiacées, puis avec celle des Rutacées. En comparant ensuite les feuilles entre elles, de tous les genres de cette famille, il put arriver à préciser assez pour placer le *jaborandi* du docteur Coutinho, dans le genre Pilocarpus.

Poursuivant son étude, il déclara que ce qu'on lui avait donné pour des feuilles n'étaient pas des feuilles, mais des folioles, et que la véritable feuille devait être composée de 8 ou 9 de ces folioles portées sur un pétiole ou rachis commun, et il restitua à ces débris d'une plante qu'il avait reconstruite par la pensée, son vrai nom scientifique. Désormais le jaborandi médical est le *Pilocarpus pinnatifolius*.

Dès lors plus de mystères. Tous les voiles étaient déchirés ; la lumière se fit rapidement. On sut que l'herbier du Muséum en possédait plusieurs échantillons, que la plante avait été bien décrite en 1852 par un Belge, Charles Lemaire ; qu'elle était cultivée dans nos serres, dont elle était un des plus beaux ornements, avec son beau feuillage et ses longues grappes de fleurs rouges. On sut que la plante avait été recueillie pour la première fois, longtemps auparavant, en 1847, par Libon, dans la province de Saint-Paul, et que, même depuis cette époque on la voyait en Westphalie dans les serres du duc de Croy. Aujourd'hui on peut l'admirer dans les serres du Muséum, où elle semble se plaire depuis longues années, dans le bosquet qui entoure l'aquarium. »

Évidemment on a voulu agir pour le Silphium cyrenaïcum, comme pour le Jaborandi. On voulait simplement faire connaître les *fameuses vertus curatives* du suc gommeux, mais on voulait garder le monopole de l'exploitation ; on espérait que des savants « *qui n'ont jamais vu la plante aux lieux où elle croît,* » n'en reconnaîtraient pas le nom d'après les graines seulement. MM. Laval et Derode se sont manifestement trompés.

Il est acquis, en effet, à la science, que le Silphium cyrenaïcum du Dr Laval, ou de MM. Derode et Deffès, n'est pas autre chose que le Thapsia garganica de l'Algérie, de l'Espagne, de l'Italie, etc. :

Parce qu'on dérobe à nos regards les échantillons du Silphium cyrenaïcum, et que ce fait est un aveu implicite de son identité avec le Thapsia garganica ;

Parce que le Thapsia garganica, croissant parallèlement des deux côtés de la Méditerranée, il est tout naturel que cette espèce vienne également en Cyrénaïque ;

Parce que la gomme résine des deux plantes contient les deux mêmes principes, l'un vésicant, l'autre résolutif, et présente les mêmes dangers ;

Parce que les éléments histologiques de la racine sont semblables et semblablement disposés, d'après M. Cauvet;

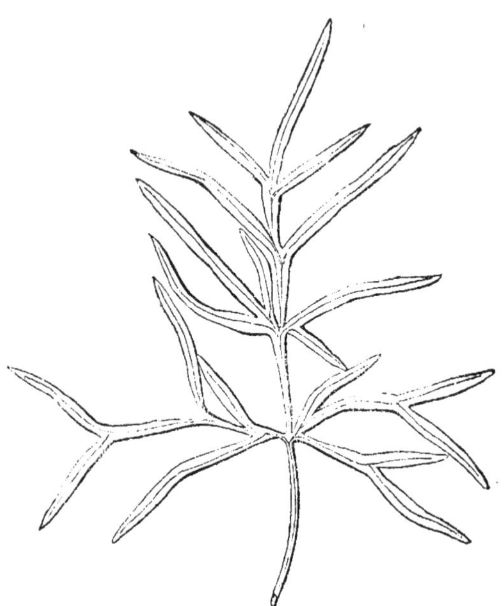

Silphium Cyrenaïcum.

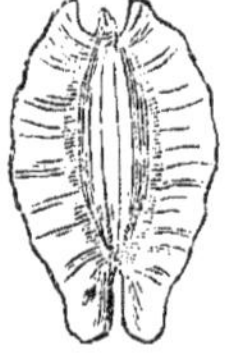

Silphium cyrenaïcum.

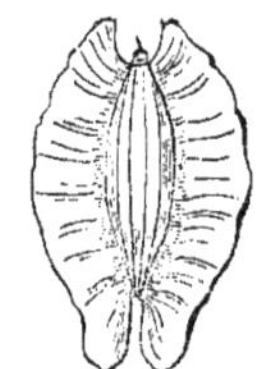

Thapsia garganica.

Parce que les graines des deux plantes sont absolument identiques;

Parce que les feuilles ne présentent aucune différence, comme on peut le voir, par les fragments représentés ci-contre.

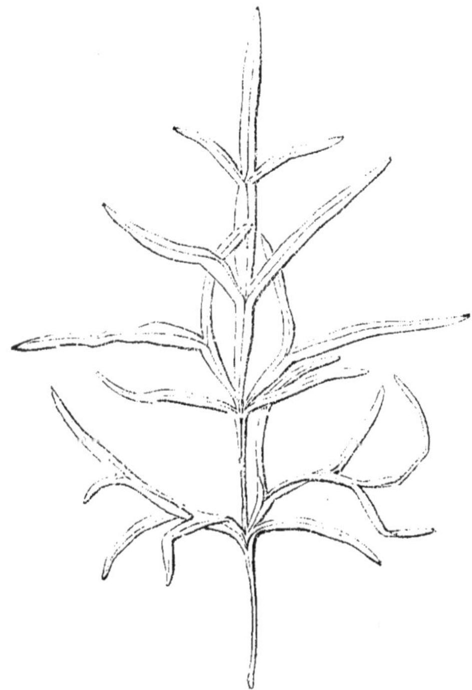

Thapsia garganica.

Nous avons démontré que le *Thapsia Silphium* de Viviani (Silphium cyrenaïcum du Dr Laval) est tout simplement le *Thapsia garganica* de l'Algérie, de l'Espagne, de l'Italie, etc. Il s'agit maintenant de prouver qu'il n'est pas le *Silphion* des Grecs.

II

Ceux qui exploitent le Silphium cyrenaïcum connaissent bien le bon public. Ils savent parfaitement (tout le monde est d'accord sur ce point) qu'une substance quelconque, active ou inerte, *les pilules de mie de pain par exemple,* trouvera accès auprès de lui, si la 4e page des journaux en célèbre chaque jour les vertus. Mais il savent aussi que le succès serait plus certain encore, s'ils lui offraient une plante, autrefois célèbre, qui aurait disparu pendant des siècles et qu'on aurait retrouvée il y a cinquante ans à peine ; — une plante qui ne croîtrait que dans un pays lointain; — un médicament qu'on chercherait vainement dans les pharmacies ordinaires et qu'on ne trouverait que dans un milieu spécial, dans une officine particulière dirigée par un pharmacien homœopathe. — Aussi s'efforcent-ils de faire admettre qu'ils ont récolté la *vraie* plante des anciens, celle qui était à la fois un condiment très-recherché et un remède universel.

Pour nous, qui n'avons d'autre préoccupation que celle de la cience, d'autr eculte que celui de la vérité, nous allons résoudre franchement et nettement la seconde partie du problème, et après avoir dit *ce qu'est* le Silphium cyrenaïcum, nous allons dire *ce qu'il n'est pas*.

Le professeur Œrsted, de Copenhague, qui a publié sur ce sujet un travail très-étendu, s'exprime en ces termes (1):

... La dernière fois que le Silphion est mentionné par un témoin oculaire, c'est au commencement du ve siècle, lorsque Synésius, évêque de Cyrène, envoie le suc de la plante à un ami, comme un objet très-rare (2).

Les descriptions de Théophraste et des autres auteurs anciens, et surtout les dessins qui se trouvent sur le revers des monnaies, montrent que le Silphion était une ombellifère, et qu'il appartenait par conséquent à la même famille que la carotte, le céleri, l'angélique..., à la même famille que la plante avec laquelle le *Silphion* a dû avoir une très-grande ressemblance (la Ferula Asa fœtida).

Les voyageurs qui ont exploré la Cyrénaïque, Della Cella (3), Pacho, Barth, les frères Beechey, etc. (4), ont émis l'opinion qu'une ombellifère, qui y est très-commune et que les habitants appellent *Drias*, était le Silphion des anciens ; mais ils n'ont donné aucune preuve à l'appui. Le *Drias*, dont le nom botanique est *Thapsia silphium* (5) (c'est le Silphium cyrenaïcum du Dr Laval), *ne ressemble en rien aux dessins que l'on trouve sur les monnaies et n'a pas du tout les mêmes propriétés.*

D'autres auteurs ont désigné différentes ombellifères comme identiques à celles qui donnaient le Silphion : le *Thapsia garganica*, le *Ferula tingitana*, le *Laserpium gummiferum*, le *Ferula asa fœtida*, etc., mais, pour ces diverses plantes on peut dire, comme pour le Thapsia silphium (le Silphium cyrenaïcum du Dr Laval), que leurs caractères extérieurs, ainsi que leurs propriétés, ne leur donnent aucune ressemblance avec le Silphion des anciens.

---

(1) Remarques pour servir à l'interprétation de la plante célèbre, mais aujourd'hui disparue, qui était connue dans l'antiquité sous le nom de Silphion. (*Traduit du Bulletin de l'Académie royale de Danemark. Copenhague*, 1869.)

(2) Macé. Les voyageurs modernes dans la Cyrénaïque, et le Silphion des anciens. (*Revue archéologique*, XIVe année, page 159.)

(3) Della Cella. *Viaggio da Tripoli di Barbario*, 1819.

(4) F. et H. Beechey. *Proceedings of the expedition to explore the Northern coast of Africa*, 1828.

(5) Viviani. *Floræ Libycæ specimen*. Genua, 1824.

Bien plus rationelle est l'opinion de Spannheim, de Rai, de Bottiger, de Link, qui ont été convaincus que la célèbre plante de l'antiquité n'a jamais été retrouvée dans les temps modernes. . . . .

Telle est l'opinion du professeur OErsted.

Bien que ce savant Danois appuie notre thèse, en affir-

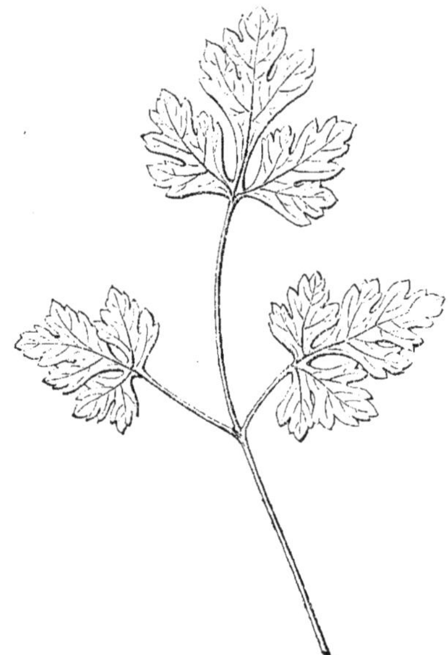

Fragment d'une feuille de persil (voir page 22).

mant que le Thapsia Silphium du Dr Laval n'est en aucune façon le Silphion des Grecs, nous n'acceptons pas comme vaiable l'argument qu'il tire du dessin des monnaies cyrénéennes. Lorsqu'on connaît, comme nous, les difficultés que le botaniste éprouve, chaque jour, pour la détermination de certaines espèces, alors qu'il est entouré de matériaux de toutes sortes (échantillons types, descriptions complètes, dessins autrement exacts que ceux des livres anciens), il est impossible d'amettre qu'on puisse prendre pour terme de comparaison le dessin informe, et relativement microscopique, des monnaies de Cyrène et qu'on puisse demander, à cette source, des raisons concluantes, soit pour affirmer la similitude avec le Dr Laval et M. Derode, soit pour la nier avec le professeur Œrsted.

On ne peut qu'admirer le profond savoir de ces botanistes modernes, qui non-seulement ont su reconnaître, dans le des-

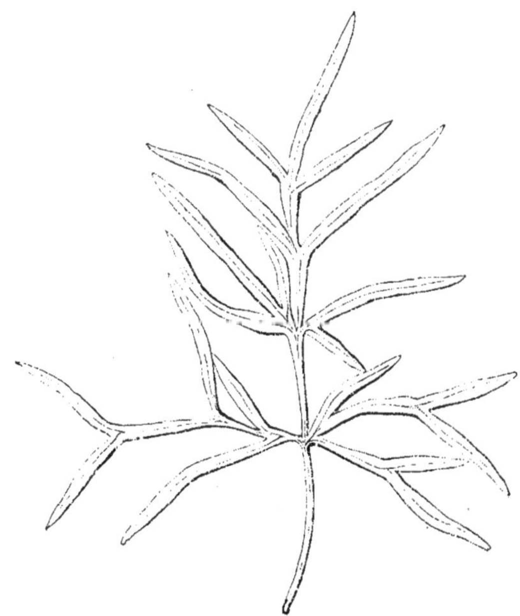

Silphium Cyrenaïcum du Dr Laval (voir page 22).

sin des médailles, une espèce particulière d'ombellifères, mais qui ont cru pouvoir affirmer que la plante ainsi représentée n'est, ni une Férule, ni une Berce, ni le Thapsia garganica, mais bien le Thapsia Silphium. Pour nous, nous disons hautement que jamais les ombellifères n'ont eu des feuilles *toutes opposées connées*, comme dans le Chardon à foulon (Dipsacus fullonum), ainsi qu'il est indiqué sur les médailles; que jamais les graines de Thapsia n'ont eu la forme d'un *cœur*, comme celles qui sont figurées sur lesdites médailles cyrénéennes. Nous disons hautement que le dessin des médailles représente tout ce que l'on voudra, excepté une ombellifère.

Nous avons d'ailleurs des arguments tout à fait décisifs pour démontrer que le Silphium cyrenaïcum du Dr Laval n'est pas le Silphion des anciens. Nous allons les énumérer :

I. — Ceux qui prétendent que la plante récoltée récemment en Cyrénaïque est le Silphion des anciens, signalent, d'après Théophraste, entre autres caractères la *forme* des feuilles ; mais ils négligent tous de la spécifier. L'*oubli* sera trouvé tout naturel quand on saura que cette forme exclut précisément toute ressemblance entre la plante ancienne et la plante prônée de nos jours.

En effet, on lit dans Théophraste : « La tige du Silphion est

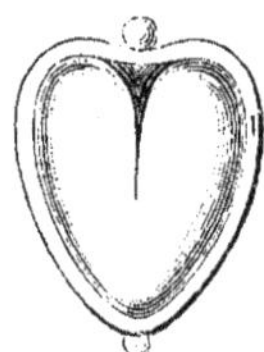

Silphion des anciens.

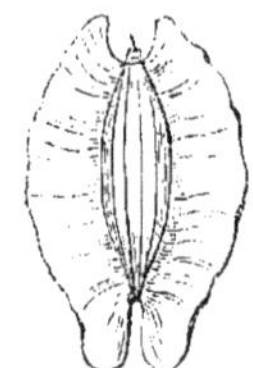

Silphium Cyrenaïcum de Laval.

grande comme celle de la Férule ; sa feuille est *semblable à celle du persil* » (liv. VII, ch. III).

D'après Dioscoride, la graine était large, et les feuilles étaient *semblables à celles du persil* (liv. III, ch. LXXVIII).

D'après Pline, la graine était aplatie comme une feuille; l'écorce de la racine était noire ; les feuilles *ressemblaient fort à celles du persil*, et poussaient au printemps.

Or, il suffit de mettre en regard (voir page 20 et 21) un fragment de feuille de persil, et un fragment de la feuille de Silphium récoltée en Cyrénaïque par le consul des Etats-Unis à Tripoli, en compagnie du Dr Laval, et qui nous a été envoyée récemment, pour être aussitôt convaincu que le Thapsia

Silphium du plateau de Cyrène n'est pas du tout le Silphion des anciens.

II.— Le suc du Silphion était *âcre*, dit-on. Oui, dans le sens du mot latin *acer*, et du mot grec *ακη* (aké), aigu, pointe, c'est-à-dire qu'il avait un goût piquant, aigrelet (1), comme certains fruits; mais nulle part il n'est question des propriétés irritantes dont parle le Dr Laval pour le besoin de sa cause, et pour faire admettre la ressemblance avec sa plante; nulle part il n'est question d'un principe vésicant, et encore moins d'un procédé quelconque pour l'en débarrasser et le rendre inoffensif.

Au contraire, le suc du Silphium cyrenaïcum est composé de deux principes, l'un vésicant, l'autre résolutif; et il est indispensable de lui enlever la propriété vésicante pour pouvoir l'administrer à l'intérieur (2).

III. — Tous les auteurs anciens s'accordent à dire que les bestiaux engraissaient par l'usage du Silphion, et que leur chair devenait meilleure.

Or, le Silphium cyrenaïcum des modernes est considéré comme un poison pour les animaux. « La paille qu'on tire de la région où il abonde n'est donnée aux ânes et aux mulets que lorsqu'elle a été examinée avec soin, et reconnue exempte de fragments de tiges et de graines de Silphium cyrenaïcum. » (Dr Reboud. *Lettre à la Société botanique de France*, 1875.)

« On sait, dit M. Cauvet, que les chameliers ont soin de museler les chameaux et les ânes, pendant le parcours de la région

(1) Le Dr Laval dit dans son mémoire : « J'ai fait cuire des tiges de Silphium cyrenaïcum sous la cendre ; elles m'ont paru d'un goût sucré et parfumé. »

Elles m'ont paru!... Que signifie cette appréciation? C'est donc du bout des lèvres et avec une prudence infinie que le Dr Laval a goûté ces tiges qu'il avait pourtant fait cuire? Mais alors il avoue par cela même que sa plante n'est pas celle des anciens, celle dont les gourmets mangeaient, tous les jours, les tiges, les feuilles, les racines et le suc.

(2) « J'ai trouvé le moyen, dit le Dr Laval, d'enlever entièrement la propriété vésicante du Silphium cyrenaïcum, de telle sorte que ce suc a pu être ingéré à doses suffisantes. »

Le procédé est des plus simples; il a été indiqué, dans une lettre que j'ai sous les yeux, par un de ses amis qui était le préparateur de son extrait à Constantine.

où croît cette plante. Ils prétendent qu'une semence suffit (1) pour déterminer, chez ces animaux, une diarrhée très-intense pouvant amener la mort. (Cauvet. *Nouv. Elém. d'hist. natur. médic.*)

IV. — Le Silphion des Grecs (Laserpitium des Romains), était considéré comme un médicament universel, mais il était aussi, et surtout, un condiment très-recherché par les gourmets. Pline dit : «Après les truffes et les champignons, c'est le Laserpitium (le Silphion), qui tient le premier rang.» —Dioscoride raconte qu'on mangeait la racine mêlée avec du sel, pour donner une saveur plus agréable aux viandes. — Enfin, on lit dans Théophraste, que les racines, qu'on apportait à Athènes, étaient conservées et mises dans des pots avec de la farine, mais qu'elles étaient bonnes également *fraîches*, coupées en tranches et assaisonnées avec du vinaigre.

Or, la plante récoltée par Laval ne pourrait être un condiment, et l'on se garderait bien, assurément, d'en manger la racine *fraîche* coupée par tranches Même lorsqu'elle est dépouillée de son principe vésicant, elle ne cesse pas d'être dangereuse, et l'extrait aqueux que contiennent les granules homœopathiques demande à être manié avec une grande prudence, d'après MM. Derode et Deffès eux-mêmes.

« La question du nombre de granules à donner, disent-ils
» dans une lettre que nous avons sous les yeux, est diffi-
» cile à résoudre. Le nombre doit être en rapport *de* (sic) l'in-
» tensité de la maladie, de la susceptibilité nerveuse du sujet,
» de sa réceptivité pour le médicament. Tel supportera 10 gra-
» nules jaunes par jour, pendant des semaines, sans qu'il se
» manifeste la moindre aggravation médicamenteuse ; tel autre
» *qui* (sic) ne pourra prendre la moitié de cette dose sans qu'il
» survienne des crachements de sang et des étouffements. »

(1) M. Cauvet raconte que le Dr Laval *disait* avoir avalé deux de ces semences sans en rien ressentir. Il était facile de ne pas s'en tenir à une assertion, et de renouveler l'expérience en présence de témoins, puisqu'on possédait des graines en abondance. Pourquoi cela n'a-t-il pas été fait ?

En résumé, le Silphium cyrenaïcum n'est pas le Silphion des Grecs :

Parce qu'on ne montre pas les échantillons de la plante, et que ce mystère persistant équivaut, ainsi que nous l'avons déjà dit, à l'aveu d'une défaite ;

Parce que son aspect, d'après le professeur Œrsted, n'est pas du tout celui du dessin des médailles, contrairement à l'affirmation non désintéressée du Dr Laval et de M. Derode ;

Parce que les graines, apportées par le Dr Laval ne ressemblent aucunement aux graines à forme de cœur représentées sur les médailles de la Cyrénaïque (Voir page 21) ;

Parce que les feuilles du Silphion étaient semblables à celles du persil, d'après Théophraste, Dioscoride, Pline (page 20), *alors que celles du Silphium du Dr Laval en diffèrent aussi complètement que possible, et sont en tout semblables à celles du Thapsia garganica* (pages 16,17)*;*

Parce que les bestiaux engraissaient par l'usage du Silphion ancien, alors qu'ils sont empoisonnés par le Silphium moderne ;

Parce que le suc du Silphion ancien était constamment pris à l'intérieur, soit comme épice, soit comme médicament sans préparation, alors que le Silphium moderne ne peut entrer en aucun cas dans l'alimentation; alors qu'il est indispensable de le priver de son principe résinant, pour l'employer comme agent médicamenteux ; alors que, même dépouillé de ce principe, l'extrait aqueux peut provoquer dans certains cas, même à petites doses, d'après MM. Derode et Deffès, des crachements de sang et des étouffements.

III

Il nous reste à dire quelques mots sur les propriétés merveilleuses que l'on a attribuées au Silphium cyrenaïcum, dès le jour où l'on a cru pouvoir dire, sans rencontrer de contradicteurs, qu'il était le fameux *Silphion* des anciens.

Le 28 septembre 1874, on lisait ce qui suit dans un journal politique à 5 centimes :

UN GRAND REMÈDE RETROUVÉ !!

Nos lecteurs liront avec interêt la note suivante *qu'on veut bien nous communiquer :*

On sait que le *Sylphium Cyrenaïcum*, ou *Laserpitium* des Latins, qu'on a confondu jusqu'à ces derniers temps avec *l'asa fœtida* et le *Thapsia garganica*, a été récemment retrouvé et remis en honneur dans la pratique médicale par le malheureux et vaillant docteur Laval.

Nous apprenons, de source certaine, que le compagnon des recherches du docteur Laval en Cyrénaïque, M. Derode, ramène en ce moment en France un chargement de cette plante précieuse recueillie par lui en Cyrénaïque.

Voilà donc enfin, assure-t-on, la science moderne en possession de ce remède héroïque contre les maladies de poitrine et dont les anciens se servaient avec tant de succès.

Le bâtiment qui rapporte cette cargaison médicale est en ce moment en relâche à Syracuse.

D'un autre côté, le Dr Laval écrivait quelques mois auparavant :

Cette action du Silphium cyrenaïcum sur les tubercules à forme chronique peut être plus rapidement appréciée dans la tuberculose aiguë et dans la méningite de même nature. (*Bulletin de la Société d'acclimatation*. Mars, 1874.)

Enfin, d'après deux petites brochures, dont nous parlerons bientôt, la *phthisie pulmonaire*, la *phthisie laryngée*, le *catarrhe*, l'*angine*, et toutes les maladies indiquées par les anciens, comme trouvant leur remède dans le Silphion des Grecs, pourront être guéries par le Silphium cyrenaïcum.

Les médicaments qui guérissent infailliblement la phthisie, *d'après les prospectus*, deviennent chaque jour plus nombreux, et pourtant nous voyons mourir les phthisiques comme auparavant. On ne sera donc pas surpris si nous disons que les promesses qu'on nous fait, au nom du Silphium cyrenaïcum, nous trouvent tout à fait incrédule. Pour admettre, comme possibles, des résultats même beaucoup moins prodigieux que la guérison de la phthisie et de la méningite tuberculeuse, il nous faudrait autre chose que les affirmations des petites brochures, autre chose que les réclames de la quatrième page des journaux ; il nous faudrait des faits concluants, de sévères observations scientifiques, et nous n'en trouvons nulle part(1).

Dans le mémoire inséré au *Bulletin de la Société d'acclimatation*, le Dr Laval parle de quelques guérisons qui auraient été obtenues par le Dr Chartier, médecin en chef de l'hôpital militaire de Valenciennes ; mais son assertion ne nous suffit pas. Où sont les observations médicales du Dr Chartier ? Où est son témoignage ? Ce médecin ne serait-il pas celui auquel M. De-

(1) Le témoignage du Dr Laval, par exemple, n'avait pas ce caractère. On sait qu'il faisait préparer à Constantine, par un pharmacien militaire, l'extrait aqueux de son Silphium, et qu'il l'expédiait à Paris, pour y être vendu par un pharmacien homœopathe, M. Derode, son compagnon de voyage et son associé.

rode fait allusion dans ses brochures, *et dont il n'est pas autorisé, pour cause sans doute, à écrire le nom*? M. Derode explique son silence par son respect pour les règlements militaires. Ce n'est pas sérieux. Est-ce que le Dr Laval, médecin militaire, n'a pas publié un mémoire sur le Silphium dans le *Bulletin de la Société d'acclimatation*? Est-ce qu'il n'a pas nommé le Dr Chartier? Est-ce que M. Cauvet, pharmacien militaire, a hésité à publier divers travaux sur le même sujet?

Il y a certainement d'autres motifs au silence si prudent de M. Derode; nous désirerions qu'il les fît connaître, dans l'intérêt de la science et de l'humanité.

RÉFUTATION

DES FAITS ERRONÉS

PROPAGÉS PAR **M. Derode**

Dans ses brochures sur le Silphium cyrenaïcum (1).

M. Petit, pharmacien de 1re classe à Paris, membre de la *Société botanique de France*, avait démontré très-nettement, dans deux lettres adressées à la *Ruche pharmaceutique*, que le *Silphium cyrenaïcum* était tout simplement le *Thapsia garganica*, et que, dans tous les cas, il n'était pas le Silphion des anciens.

C'est pour combattre cette opinion que M. Derode a publié l'une de ses brochures.

Disons tout de suite que cette publication laisse tout à fait intacte la démonstration de M. Petit. Les arguments de M. Derode ne sont en rien concluants, et ils ne sauraient résister à un examen attentif. Nous allons les passer successivement en revue et les réduire à néant, bien que nous soyons *du nombre de ceux qui tranchent la question sans avoir vu la plante aux lieux où elle croît.*

---

(1) M. Derode qui s'intitule *explorateur de la Cyrénaïque*, a eu la tâche facile, puisqu'il était en compagnie du Dr Laval qui connaissait la contrée depuis 10 ans, et avait précédemment récolté le Silphium qui y abonde.

Nous devons dire *récolté* et non découvert, puisque cette plante avait été signalée, en 1817, par Della Cella, et plus tard par plusieurs voyageurs, tels que Pacho, Barth, les frères Beechey, Hamilton, etc.

M. Petit, écrit M. Derode, déclare que le Silphion des anciens reste perdu pour nous... Il cite l'opinion du professeur Œrsted, de Copenhague, qui affirme que notre plante (le Thapsia silphium) ne présente ni dans son aspect, ni dans ses propriétés, la moindre ressemblance avec la célèbre plante de l'antiquité.

J'en demande pardon au savant professeur, mais son affirmation est un peu aventurée. Il ne connaît du Silphion des anciens que l'image reproduite sur les monnaies de Cyrène. Que l'artiste peu expérimenté ne soit pas arrivé à une reproduction rigoureusement exacte de la plante, cela est vrai ; mais il est impossible de ne pas y reconnaître une ombellifère...

A moins d'admettre que les Vandales, lors de leur invasion en Afrique, aient détruit jusqu'au dernier pied de Silphion, et que le hazard y ait substitué juste à point une autre ombellifère... il faut bien consentir à reconnaître sur les médailles l'image du Thapsia Silphium.

M. Derode n'en sait pas plus long, assurément, que le professeur Œrsted, sur le Silphion des Grecs et sur les monnaies qui en donnent le dessin; on se demande donc sur quoi il se fonde pour affirmer que l'artiste n'est pas arrivé à une reproduction fidèle de la plante. L'auteur de la brochure part de ce point : que son Silphium est sans conteste le Silphion des anciens, et il bâtit son raisonnement sur cette hypothèse. Mais, s'il n'en est point ainsi, que vaut son observation à l'endroit du dessin des monnaies ?

Il faut noter, du reste, que lorsque le Dr Laval ou M. Derode trouvent une ressemblance parfaite entre le dessin des médailles et leur Silphium, le dessin est exact ; mais qu'il cesse de l'être lorsque le professeur Œrsted et plusieurs autres nient cette ressemblance.

Nous avons déjà dit notre pensée sur la valeur de l'argument tiré du dessin des monnaies. Nous répéterons ici : que jamais les ombellifères n'ont de feuilles *toutes opposées* connées, comme dans le chardon à foulon (Dipsacus fullonum); que jamais les graines des Thapsia n'ont eu la forme d'un *cœur*, comme celles qui sont représentées sur les médailles cyrénéennes; que le dessin des médailles ne représente rien moins qu'une ombellifère.

Toutefois, en admettant l'exactitude relative des dessins représentés sur les médailles, on pourrait émettre cette opinion : que le Silphion des Grecs n'a jamais été un Thapsia, ni un Ferula, etc., par cette raison, que, dans ces genres, le fruit est un biakène comprimé dorsalement, tandis que le dessin des médailles aurait la prétention de représenter un biakène déprimé latéralement, comme dans les genres Smyrnium, Scandix, Chœrophyllum, etc.; et si l'artiste n'a pas prolongé l'échancrure supérieure jusqu'en bas de son dessin, pour indiquer la suture commissurale des deux carpelles, c'est qu'il a voulu rendre l'illusion plus complète.

Les auteurs, qui ont cherché à faire la lumière sur cette question, auraient été plus près de la vérité, croyons-nous, en faisant du Silphion des Grecs, un *Smyrnium* par exemple; c'est dans ce genre, en effet, qu'on rencontre des ombellifères à feuilles à *peu près opposées*, dans la partie supérieure des tiges, et à fruits pouvant, à la rigueur, être pris pour *un cœur* par un artiste de l'antiquité. On en jugera par les figures ci-dessous. Nous ajouterons qu'une espèce de ce genre, le *Smyrnium olusatrum* produit une gomme résine, fort estimée dans le pays où croissait jadis le fameux Silphion, et que les habitants de cette contrée en font usage pour guérir les ophthalmies.

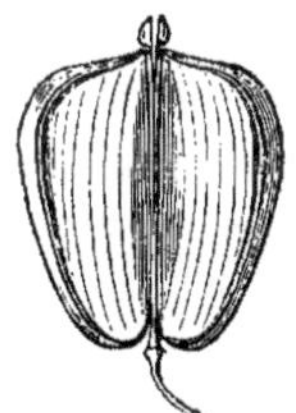

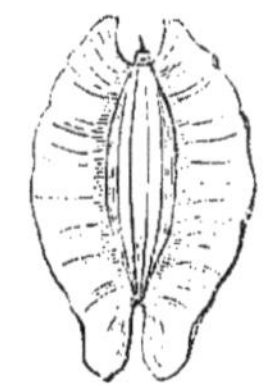

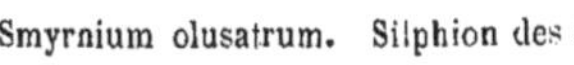

Smyrnium olusatrum. Silphion des anciens. Silphium cyrenaïcum de Laval.

Il n'est pas difficile de comprendre qu'après la destruction complète, dans la Cyrénaïque, du Silphion des Grecs (nous avons vu que du temps de Pline on n'en put découvrir qu'un seul pied, qui fut envoyé à l'empereur Néron), diverses ombellifères, et notamment le Thapsia garganica, se soient développées sur le même terrain. On sait que le Thapsia garganica croît abondamment des deux côtés de la Méditerranée, ainsi qu'on peut le constater par les types qui se trouvent réunis dans l'herbier du Muséum de Paris. On en voit du Maroc et de l'Espagne; de l'Algérie et des îles Baléares; de la Tunisie et de la Sicile, etc. Le dictionnaire de Mérat et de Lens le signalent en 1829 comme très-commun en Tripolitaine.

La disparition complète du Silphion ancien, de la contrée où il s'était développé, n'est point un fait unique dans l'histoire des végétaux. Le professeur Œrsted cite la plante qui donne la résine d'ammoniac, et qui après avoir disparu de l'Afrique a été retrouvée en Perse. On sait aussi que le Papyrus a disparu de l'Égypte et qu'on le retrouve dans une autre partie de l'Afrique. M. Derode qui n'a pas à *devenir*, lui, un botaniste consommé, a certainement constaté des faits analogues, pour plusieurs espèces de la flore française.

Quant aux *propriétés*, continue M. Derode, quoi qu'en dise encore le professeur danois, je ne sache pas que parmi les voyageurs qui ont successivement retrouvé et reconnu le Silphion, depuis Della Cella (1817), jusqu'à Hamilton (1854), aucun ait entrepris de les rechercher. La comparaison n'ayant pu être faite, sur quelle base repose alors l'affirmation du savant danois?

Le professeur Œrsted savait que l'une de ces plantes (l'ancienne), avait des feuilles semblables à celles du persil, alors que l'autre a des feuilles tout à fait différentes. Il savait que l'une (l'ancienne), était bonne pour les bestiaux, alors que l'autre les fait périr. Il savait enfin que l'une (l'ancienne), était très-recherchée par les gourmets, alors que l'autre serait un poison violent. C'était assez, croyons-nous, pour qu'il pût écrire hardiment, que les *propriétés* soit physiques, soit médicales, étaient différentes dans les deux plantes, et que le Silphium de Laval n'est pas le Silphion des Grecs.

M. Petit, continue M. Derode, déclare que le Silphium cyrenaïcum ne saurait être le Silphion des anciens, parce que les bestiaux pouvaient manger celui-ci, tandis que le premier fait périr les animaux qui en mangent. Mais il oublie de dire que si les Vandales ont entrepris la destruction du Silphion lors de leur invasion dans la Cyrénaïque, c'est qu'il tuait leurs chevaux, ce qui prouve qu'il n'était pas plus inoffensif qu'aujourd'hui.

Dans sa thèse, M. Deniau, qui n'est pas une autorité, tant s'en faut, exprimait à titre de simple supposition, cette idée : que les Vandales avaient pu entreprendre la destruction du Silphion, parce qu'il tuait leurs chevaux; et aussitôt M. Derode, pour les besoins de sa cause, a transformé l'hypothèse en un fait acquis. *L'explorateur de la Cyrénaïque* n'est pas heureux dans ses affirmations, nous le montrerons plus d'une fois. Les auteurs anciens ont expliqué la disparition du Silphion, de diverses manières, mais aucun ne parle de son action mortelle sur les chevaux des Vandales. Le Dr Laval n'en dit pas un mot; il connaissait sans doute mieux que son associé ces paroles de Théophraste : « Il est étrange de dire que le bétail se purge » en mangeant le Silphion ; au contraire il s'engraisse mer- » veilleusement, et sa chair en devient meilleure. »

M. Derode s'est tout simplement fourvoyé. C'est le Thapsia qui tuait le bétail, et non le *Silphion;* ce qui prouve une fois de plus que le Dr Laval n'a trouvé en Cyrénaïque que le Thapsia garganica. « Le *Thapsia*, dit Théophraste, » croît en plusieurs lieux, mais principalement en la terre » d'Athènes; les bêtes du pays n'en mangent point (par » instinct), et si les bêtes étrangères en mangent, il faut » nécessairement que leur ventre se lâche ou qu'elles meurent.» (livre IX, chap. xxii.)

Si Dioscoride, dit M. Derode, nous apprend que les Athéniens mangeaient la racine de Silphion, assaisonnée de telle ou telle façon, il nous dit aussi qu'elle était échauffante et de digestion difficile... Quel était le moyen de la priver de ses propriétés irritantes? Il suffirait, pour le savoir, de consulter Apicius qui, dans son traité *De culinariæ rei disciplinâ*, donne diverses recettes où il fait entrer tantôt le suc du *Laser*, tantôt la racine. *On peut affirmer*, dans tous les cas, que l'écorce de la racine, qui seule fournissait le suc irritant, était rejetée, et qu'on mangeait seulement la partie centrale, au premier âge de la plante, alors que cette partie est encore tendre, cassante, et n'a pas acquis la consistance ligneuse.

En vertu de quoi peut-on affirmer que...?

M. Derode oublie de le dire, et il a pour cela d'excellentes raisons. Du reste, il est coutumier du fait : lorsqu'un argument l'embarrasse, il lance, avec aplomb, une affirmation dans le sens opposé, sans preuves à l'appui, et il se figure que tout est dit, que l'obstacle est levé. On ne lit nulle part qu'on mangeât seulement la partie centrale, au premier âge de la plante. L'assertion de M. Derode est donc purement gratuite. Quant à Apicius, il n'a rien à faire ici avec ses recettes culinaires, et il importe peu que la racine du Silphion fût échauffante et de digestion difficile. Tous les condiments en sont là. Est-ce qu'on ne fait pas journellement usage, et même abus, d'aliments et de boissons qui présentent ces caractères?

En réalité, on mangeait autrefois le suc, les feuilles, les tiges, les racines du Silphion. En réalité, le suc était sans cesse mêlé aux aliments, sans autre préparation préalable qu'un mélange avec de la farine, et nous ne voyons, dans aucun auteur, qu'il contînt un principe vésicant comme le suc du Silphium moderne. En réalité, on mangeait la racine fraîche, *crue*, coupée par tranches, et mêlée à diverses sauces ou à du vinaigre, alors que la racine du Silphium cyrenaïcum serait un véritable poison. — Rien ne peut prévaloir contre des faits aussi positifs, aussi concluants. Rien ne démontre plus clairement la différence radicale qui existe entre le *Silphium* des modernes et le *Silphion* des anciens.

Mon expérience personnelle, dit M. Derode, m'a montré le Silphium cyrenaïcum comme un cicatrisant bien supérieur aux vulnéraires les plus vantés; jamais il ne fallait plus de quelques heures pour que la plaie fût fermée..... Je pourrais, dit-il, citer des cas de brûlure au second degré, des plaies ulcéreuses, si fréquentes chez les Arabes dont les jambes sont toujours nues, qu'il guérissait avec une merveilleuse rapidité.

Nous voyons poindre ici une panacée dont les bienfaits ne tarderont pas, sans doute, à être célébrés par les petites brochures ou par la quatrième page des journaux. Puisque le

Silphium cyrenaïcum guérit en quelques heures, l'*Arnica* homœopathique, si utile pourtant, va être bientôt détrôné, et le coup fatal lui aura été porté par un pharmacien homœopathe. C'est bien triste en vérité !

Ces exemples, ajoute M. Derode, démontreraient que le *Thapsia Silphium* de Viviani, malgré ses propriétés caustiques sur les téguments *sains*, s'applique (*sic*) avec le plus grand succès sur les tissus contus, déchirés ou blessés d'une façon quelconque. Néron ne l'ignorait pas, et il en tirait parti.

Ainsi que nous l'avons constaté déjà, M. Derode n'est pas heureux dans le choix de ses arguments. Ce n'est pas le *Silphion* que Néron employait, mais bien le *Thapsia garganica* très-commun dans toute la Pouille, province de l'ancien royaume de Naples. Néron ne vit jamais qu'un seul pied du Silphion des anciens. Pline dit (livre XIX, chap. III) : « Il y a longtemps » qu'on ne trouve plus le Laserpitium (Silphion) en Cyrénaïque; » de notre temps on n'en a trouvé qu'une plante qui fut pré- » sentée au prince Néron. » Il est absolument muet sur son emploi contre les meurtrissures du visage. Mais au livre III, chap. 22, il dit : « L'empereur Néron a donné grand crédit à la » *Thapsie* : il s'en est beaucoup servi au commencement de son » règne. Allant de nuit dans les mauvais lieux, il rentrait chez lui avec le visage tout meurtri. Il ne faisait alors que l'oindre » de Thapsie mélangée avec encens et cire, et le lendemain » il paraissait en public avec un visage frais et net, parce que » la Thapsie efface merveilleusement les meurtrissures. »

Théophraste dit de son côté : « La *Thapsie* fait disparaître » toutes les meurtrissures. » (livre IX, chap. XXII.)

L'explorateur de la Cyrénaïque s'est donc de nouveau fourvoyé : il a appliqué au Silphion des anciens ce que les auteurs disent du Thapsia garganica. Il est certain que le Thapsia du temps de Théophraste et de Pline avait exactement les propriétés que M. Derode attribue à son Silphium. Et cela démontre, une fois de plus, que la plante de Laval n'est pas autre chose que le Thapsia garganica.

Si je n'avais la conviction, dit l'auteur que nous combattons, que

M. le professeur Œrsted ne lira jamais cette réfutation des conclusions de son travail sur le Silphion, je lui ferais voir encore que les maladies indiquées par les anciens comme trouvant leur remède dans cette plante, sont aujourd'hui, grâce aux indications du Dr Laval, traitées avec succès par les médecins qui n'ont pas reculé devant l'application d'un remède nouveau.

Voyons donc quelles sont les maladies que le *Silphion* des anciens guérissait, et que le Silphium des modernes va guérir infailliblement :

M. Derode est bien injuste pour le Silphion des Grecs lorsqu'il se borne à citer, d'après Dioscoride, l'enrouement, l'esquinancie, la toux, les douleurs de côté, les maladies du poumon, comme guéries autrefois par cette plante célèbre.

D'après Dioscoride, le Silphion guérissait encore : la *scrofule*, la *sciatique*, les *hémorrhoïdes*, les *contusions*, les *cataractes récentes*, les *maux de dents*, les *morsures des animaux*, la *gangrène*, l'*anthrax*, les *maladies de la peau*, les *polypes du nez*, les *excroissances de chair* .... Bu *dans un œuf mollet*, il guérissait la *toux*, les *douleurs de côté* et l'*hydropisie*. Bu dans du vin avec de l'encens, il guérissait les *tremblements* qui précèdent la fièvre. Pris dans un grain de raisin, il combattait utilement les *fluxions stomacales*. Mêlé au poivre et à la myrrhe, il *provoquait les règles*, etc.

D'après Hippocrate, il était souverain contre la *fièvre singultueuse*, la *fièvre tierce*, la *fièvre quarte*, les *chutes du rectum*, la *pleurésie*, etc.

D'après Pline, il guérissait les *écrouelles*, les *hémorrhoïdes*, les *contusions*, les *spasmes*, la *goutte*, la *jaunisse*, l'*hydropisie*, la *toux*, l'*enrouement*, la *pleurésie*, l'*esquinancie*, les cors, les DURILLONS; il arrêtait la chute des cheveux !! etc.

Voilà le champ dans lequel peuvent désormais se mouvoir, avec une entière sécurité, et avec la perspective de succès éclatants, les médecins *qui ne reculent pas devant l'application d'un remède nouveau*. Ce domaine sera des plus vastes, et c'est à peine si celui de la *douce revalescière* pourra lui être comparé.

Les expériences du Dr Laval, d'après M. Derode, ont pleinement justifié ces indications, et le Silphium, mis à l'étude sur une vaste échelle, tend à prendre, parmi les agents thérapeutiques, le rang le plus important peut-être, dans les affections aiguës et chroniques des organes respiratoires.

Où donc est le récit *scientifique* des expériences du Dr Laval? Nous n'avons jamais pu le découvrir. L'une des brochures de M. Derode nous renvoie bien *au livre* du Dr Laval sur le Silphium cyrenaïcum ; mais ce livre n'a jamais existé. Le libraire qu'on indique ne le possède pas ! Tout est étrange dans le domaine du Silphium (1).

Reste à traiter, continue M. Derode, la seconde question : le Silphium cyrenaïcum du Dr Laval, ou Thapsia Silpnium de Viviani, n'est-il pas tout simplement le *Thapsia garganica ?* M. Petit, dans sa première lettre, dit *non ;* dans sa seconde, il s'accuse modestement d'erreur, et il dit *oui*.

Dans sa première lettre, M. Petit avait uniquement pour but de démontrer que le Silphium des modernes n'était pas le Silphion des anciens. Il ne songeait pas à le comparer avec le Thapsia garganica, et il disait *Non*. Depuis, il a examiné la seconde question avec les pièces sous les yeux ; il a été convaincu, comme tous les botanistes, que le Silphium cyrenaïcum n'était pas autre chose que le Thapsia garganica, et alors il a dit *Oui*. Il n'y a rien là qui ne soit très-simple et très-naturel.

Il a suffi, dit ironiquement M. Derode, de quelques graines présen-

(1) Nos lecteurs trouveront, comme nous, fort bizarre que le journal de la *Société d'acclimatation* soit le seul où le Dr Laval ait parlé en termes généraux des hauts faits de sa panacée, et qu'il n'ait pas cru devoir s'adresser à ses juges naturels, c'est-à-dire aux médecins.

On sait que pour faire nommer scientifiquement la plante qui produisait les graines rapportées de la Cyrénaïque, il avait frappé à la porte du Jardin d'acclimatation, au lieu de demander la solution du problème au Muséum d'histoire naturelle, ou bien à la Société botanique de France. Espérait-il que ces graines ne seraient pas reconnues au jardin d'acclimatation, et que sa plante jouirait ainsi du prestige qui s'attachait au Silphion des anciens ? Nous l'ignorons ; mais nous ne pouvons nous empêcher de dire que les procédés du Dr Laval ont été étranges, et tout à fait en dehors de ce qui se pratique, habituellement, dans le monde scientifique.

tées à M. Cosson, membre libre de l'Institut, à M. Baillon, professeur à l'École de médecine, à M. Planchon, professeur à l'École de pharmacie, pour que ces messieurs déclarassent, d'un commun accord, que le Silphium cyrenaïcum n'est autre chose que le Thapsia garganica.

Eh! sans doute, quelques graines ont suffi à ces professeurs éminents, de même qu'une feuille, moins que cela, une foliole, suffisait naguère à l'un d'eux, M. le professeur Baillon, pour lutter contre les piéges que lui tendait l'industrialisme sur le terrain du *Jaborandi*, pour arriver à nommer scientifiquement cette plante dont on ne lui montrait que des débris. (Voir page 13, le curieux article du Dr Prat.)

A qui la faute, d'ailleurs, si l'on n'a eu que des graines sous les yeux pour résoudre le problème? Pourquoi a-t-on procédé comme pour le Jaborandi? Pourquoi a-t-on tenu sous le boisseau la tige, les feuilles, les racines de cette *précieuse* plante? Pourquoi a-t-on eu recours à ces mystères que la science condamne?

Et à ce propos, ajoute celui qui exploite le Silphium Laval, j'éprouve une certaine surprise à voir que M. Stanislas Martin et M. Petit ont à remercier notre confrère M. Catellan. Malgré moi, dit-il, l'ardeur de celui-ci à fournir au premier les matériaux de son article, au second des graines qu'il *dit venir* du Dr Laval (1), me fait penser à cette réplique bien connue : « Trop poli pour être honnête », que je me hâte de remplacer par celle-ci : « Trop zélé pour être désintéressé.

Nous cherchons, à notre tour, les traces du désintéressement de M. Derode, et nous demandons pourquoi il veut absolument que la précieuse plante, qui doit guérir une foule de maladies, n'existe que sur un seul point du globe et dans un pays lointain. Nous demandons dans quel but il affirme, contrairement à l'opinion des hommes les plus autorisés (et sans jamais fournir aucune preuve), que cette plante n'est pas le Thapsia garganica de l'Algérie, de l'Espagne, de l'Italie, etc. ;

---

(1) Pourquoi cette insinuation ? Ces graines avaient été prises parmi celles que le Dr Laval avait déposées au Jardin d'acclimatation ; elles étaient donc parfaitement authentiques.

dans quel but il la cache à tous les yeux et n'en montre que des débris informes.

Le reproche articulé par M. Derode contre M. Catellan est passablement étrange. Depuis plusieurs années, il était question du Silphium cyrenaïcum et de ses propriétés merveilleuses. Les uns, ceux qui exploitent la plante cyrénéenne, disaient très-haut qu'ils étaient en possession du Silphion des Grecs; d'autres pensaient, avec la thèse de M. Deniau (chose inadmissible d'ailleurs), que c'était l'Asa fœtida; d'autres étaient convaincus (avec les botanistes du Muséum, de la Faculté de médecine et de l'École de pharmacie, etc.) que c'était le Thapsia garganica....., et *l'explorateur de la Cyrénaïque* ne trouve pas naturel que M. Catellan ait eu le désir de s'entretenir sur ce sujet, soit avec M. Stanislas Martin, qui avait publié antérieurement un travail sur les divers Thapsia, soit avec M. Petit, qui venait de publier une première lettre sur le Silphium cyrenaïcum, et qu'il ait remis à l'un et à l'autre quelques graines et quelques renseignements!

Ces entretiens et ces échanges de communications sont chose courante entre gens qui s'occupent de questions scientifiques; et il faut vraiment que *l'explorateur de la Cyrénaïque* soit bien gêné dans ses mouvements, par cette *similitude absolue* des graines, pour qu'il songe à incriminer les indications qui ont été fournies à M. Stanislas Martin et à M. Petit.

Battu avec le Dr Laval, sur le terrain des *graines* et des *feuilles*, M. Derode essaie de se relever sur le terrain de *la racine*, mais il n'est pas plus heureux, hélas! Ecoutons-le :

Le Thapsia garganica, dit-il, page 10, n'a qu'une racine pivotante et *quelquefois* bifurquée à son extrémité. Il n'en est pas de même du Silphium, et là encore la description qu'en donnent les auteurs anciens, confirme l'identité de la plante de l'antiquité et de celle que le Dr Laval a voulu remettre en honneur. Le Silphion, dit Théophraste, produit des racines grosses et nombreuses. Pline nous dit que ses racines étaient épaisses et nombreuses. Voilà un caractère qui ne saurait s'appliquer au Thapsia garganica. La racine de notre Silphium est *traçante*; de la souche principale naissent de quatre à huit rhizomes qui atteignent une longueur de 70 à 80 centimètres, et quand leur extrémité rencontre la surface du sol, elle donne naissance à une nouvelle souche.

Les racines étaient épaisses et nombreuses; voilà ce que M. Derode appelle la *description* donnée par les auteurs anciens. C'est à croire qu'il n'est pas plus fort que le Dr Laval en matière de botanique.

Pline et Théophraste nous apprennent que le Silphion de leur époque avait des racines *grosses* et *nombreuses*, mais ils ne

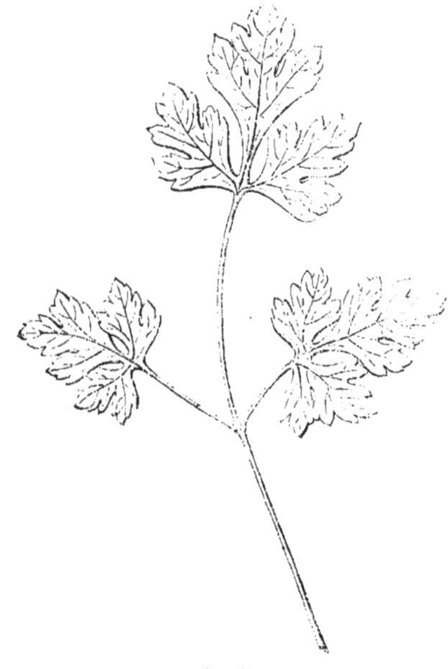

Persil.

disent pas qu'elles fussent divergentes, horizontales, *traçantes*, comme le seraient celles du Silphium cyrenaïcum. Mais leur Silphion avait des feuilles semblables à celles du *persil*, et le Silphium de Laval a des feuilles tout à fait différentes. Donc la plante des modernes n'est pas la plante des anciens.

Nous avons fait remarquer que ce caractère de racine simple ou multiple, dans les plantes vivaces, n'a pas la valeur que lui attribuent MM. Laval et Derode.

Nous répéterons ici ce que nous avons déjà dit : 1° ce n'est pas *quelquefois* que la racine du Thapsia garganica se bifurque, c'est *toujours*, à un certain âge ; 2° les rhizomes de la souche principale existent dans presque toutes les ombellifères vivaces; 3° aucun botaniste n'admet ces racines *traçantes* que M. Derode décrit avec tant d'assurance, et qui donneraient naissance à une nouvelle souche en rencontrant la surface du sol.

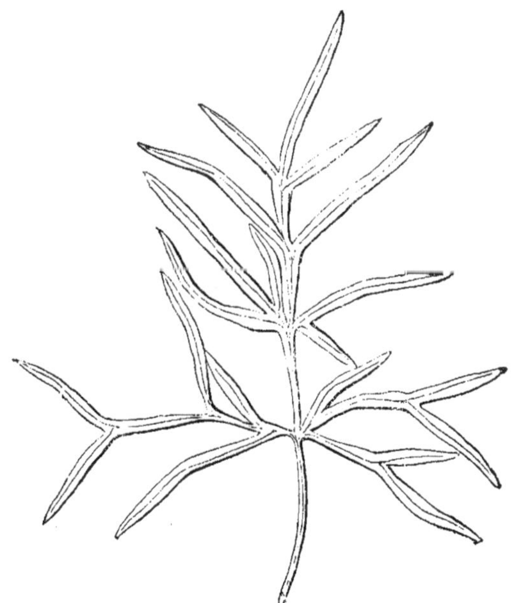

Silphium cyrenaïcum.

A la page 10, *l'explorateur de la Cyrénaïque* s'exprime ainsi :

J'ai, d'ailleurs, la bonne fortune de pouvoir, moi aussi, m'appuyer sur l'autorité d'un professeur dont la compétence, dans la question, ne saurait être mise en doute. M. Cauvet vient d'envoyer à la Société de pharmacie, une note sur le Silphium de la Cyrénaïque, *dont l'espèce connue des anciens*, dit-il, *n'aurait pas disparu, comme on l'a soutenu dans ces derniers temps*. Cette note, dont je n'ai pu encore avoir communication, doit apporter dans la question des arguments de nature à la trancher *ex professo* (1).

Tandis que nous avons avec nous les hommes les plus compétents, les savants les plus distingués, le Dr Laval et M. Derode en étaient réduits à leur propre témoignage, et ce témoignage, il faut bien le dire, n'était guère désintéressé. On comprend que *l'explorateur de la Cyrénaïque* soit heureux de s'accrocher, comme à une planche de salut, à l'opinion de M. Cauvet, qu'il considère comme favorable à sa cause.

Mais, je crains que M. Derode n'ait pas lieu de se féliciter longtemps de sa *bonne fortune*. Il n'a pas assez compris que dans son travail, M. Cauvet traduit presque toujours l'opinion du Dr Laval, alors qu'il semble exprimer son opinion personnelle.

En effet, il y a six ans, en 1869, dans son livre intitulé : *Nouveaux éléments d'histoire naturelle médicale*, M. Cauvet, l'ami de Laval, s'exprimait ainsi :

« M. le médecin principal Thomas, dans son rapport au
» baron Larrey, président du Conseil de santé des armées, a
» conclu que la plante regardée par le Dr Laval comme le
» Silphion des anciens, est le Thapsia garganica des bota-
» nistes, ou le *bou-nafa* des Arabes.

» M. Cosson, à qui j'ai communiqué la description du Sil-
» phium faite par le Dr Laval, y a reconnu aussi le Thapsia
» garganica.

Comme, d'ailleurs, M. Laval assure qu'il n'a pas vu
» en Cyrénaïque, d'autre plante pouvant être le Silphion, et
» que, d'autre part, les Arabes de l'Algérie appellent *Dirias*
» le Thapsia garganica (les Arabes de la Cyrénaïque appel-
» lent aussi *Dirias* le Silphium du Dr Laval), il semble, ou que
» les anciens avaient beaucoup exagéré les propriétés du
» Silphion, ou que cette plante a totalement disparu de la
» Cyrénaïque. Cette dernière opinion semble d'autant plus

---

(1) La note à laquelle il est fait allusion, est la même que M. Cauvet lisait, le 8 janvier dernier, à la *Société botanique de France*, et que nous réfuterons bientôt, dans un chapitre spécial.

» probable que le *Laser* s'écoulait (par incision) à la fois de la » tige et de la racine, tandis que selon M. Laval, la tige de » son Silphium ne fournit absolument rien, soit par incision, » soit par un traitement à l'alcool. »

Dans une lettre que nous avons sous les yeux, et qu'il écrivait, il y a quelques mois à un de nos amis, M. Cauvet s'exprime en ces termes : « Ce que j'ai vu du Silphium cyre- » naïcum (semences et fragments de racines) ne diffère pas » des mêmes parties du Thapsia garganica. Les éléments » histologiques sont les mêmes, et semblablement disposés » dans les racines des deux plantes.

Depuis, dans le mémoire qu'il lisait à la Société botanique de France, le 8 janvier 1875, et qui a été analysé dans le *Journal de pharmacie et de chimie* (avril 1875), M. Cauvet semblait avoir modifié ses opinions premières, et M. Derode qui part toujours trop vite, s'en applaudissait. Mais nous savons que M. Cauvet proteste contre le sens que l'on donne à ses propositions, et qu'il repousse toute solidarité avec ceux qui exploitent la plante cyrénéenne. (Voir plus loin la réfutation de la note de M. Cauvet.)

Eprouvant le besoin de faire de l'esprit, M. Derode écrit à la page 12 :

Certes, M. Catellan pourrait être devenu un botaniste distingué, et dans la crainte de voir s'accréditer une erreur scientifique, avoir fouillé, compilé les auteurs grecs et latins qui, eux aussi, lui seraient devenus familiers ; mais pourquoi rester dans l'ombre? Pourquoi s'effacer si modestement ? C'est un mystère *qui ne le sera peut-être pas* (sic), pour tout le monde.

M. Derode, qui est plein de tact, et qui possède au plus haut degré le sentiment des convenances, devrait comprendre qu'il n'y a là aucun mystère à éclaircir ; il devrait trouver naturel que MM. Catellan aient à cœur de ne point se mêler à un débat provoqué par les faits et gestes de leur ancien employé ; et il aurait fait plus sagement en n'écrivant pas cette phrase que ses lecteurs trouveront certainement de mauvais goût. J'ignore si MM. Catellan sont aussi *savants* que leur ancien élève sur le terrain de la botanique, du grec et du latin ; mais ce que je sais parfaitement, et ce que tout le monde sait comme moi, c'est qu'ils sont irréprochables au point de vue de la dignité professionnelle; c'est que, depuis quarante ans, ils servent utilement, *et sans jamais la compromettre*, la cause qu'ils représentent; c'est que tous ceux qui les connaissent rendent hommage à leur honorabilité et à leur dévouement.

M. Laval, dit l'explorateur de la Cyrénaïque, détermina l'un de ses confrères, médecin militaire comme lui, mais à la tête d'un service d'hôpital, à contrôler ses expériences en soumettant ses phthisiques à l'usage du Silphium. Ce médecin, *dont nous ne sommes pas autorisés à donner le nom*, dit M. Derode, y consentit, plutôt pour être agréable à son collègue, qu'avec l'espoir d'obtenir un résultat quelconque... Les succès qu'il obtint furent merveilleux.

Dans un prospectus de quatre pages qui fait suite aux deux petites brochures qu'il a publiées successivement, M. Derode prétend que s'il ne nomme pas le médecin militaire qui aurait obtenu des succès remarquables avec le produit cyrénéen, c'est parce que les règlements militaires le lui interdisent.

Encore une fois, est-ce bien là le véritable motif? Les règlements militaires n'ont pas interdit à M. Cauvet, pharmacien-major, de publier un mémoire sur ce sujet, dans le *Bulletin de la Société botanique de France* et dans le *Journal de pharmacie et de chimie*. Ces règlements n'ont pas empêché le Dr Laval de publier le sien dans le *Bulletin de la Société d'acclimatation*, et il n'a pas hésité à nommer le Dr Chartier, médecin en chef de l'hôpital militaire de Valenciennes. Dans l'espèce, M. Derode est bien prudent, bien réservé, et cela donne à réfléchir.

Pouvant affirmer, dit M. Derode, sans crainte d'être démentis, que nous sommes, tant en France qu'à *l'étranger*, les seuls détenteurs du véritable Silphium cyrenaïcum expérimenté par le Dr Laval, nous engageons les médecins et les malades à n'avoir confiance que dans les préparations de Silphium qui sortent de notre laboratoire.

LA MAISON N'EST PAS AU COIN DU QUAI.....

Cette affirmation paraîtra sans doute quelque peu hasardée, lorsqu'on aura lu le fragment suivant de la lettre que le

Dr Reboud, intime ami de Laval, écrivait à la *Société botanique de France,* le 10 août 1874.

« Laval a quitté Constantine vers la fin d'avril. A peine » arrivé à Malte, il apprend que deux pharmaciens français » ont pris depuis environ deux mois la direction de Benghazi, » et qu'un médecin allemand, chargé d'une mission, attend » le départ d'un bateau à vapeur pour se rendre en Cyré- » naïque, dans le but de rechercher une plante autrefois » célèbre, et depuis longtemps perdue. Ces nouvelles sont un » nouveau stimulant pour lui faire accélérer son voyage... » (*Bulletin de la Société botanique de France,* séance du 13 nov. 1874.)

Comme il arrive souvent, dit M. Derode, que le malade perd l'appétit sous l'influence des progrès du mal et de la fièvre qui l'accompagne, il est indispensable qu'on ne laisse pas tomber ses forces, et qu'on aide à la nutrition par des aliments *auxiliaires* reconstituants, et de digestion facile. Les préparations à base de viande rendront alors de grands services . . . .

Nous recommandons particulièrement *le jus de bifteck* du Dr Roussel, dont nous constatons depuis plusieurs années les heureux effets.

Est-il assez habilement amené ce pieux hommage *au jus de bifteck* du Dr Roussel ! Comme la transition a été sagement ménagée ! Comme la pente a été douce !... Et pourtant, on songe *malgré soi* (comme dit M. Derode à la page 11 de sa brochure), à un échange de bons procédés, à une nouvelle édition du *séné* et de la *rhubarbe* ; on se demande, toujours *malgré soi,* si le médecin qui signe R... les guérisons miraculeuses (1) qu'il a obtenues par le produit cyrénéen, ne serait pas précisément l'inventeur de ce jus précieux dont les journaux et les affiches exaltent chaque jour les vertus, et dont *la maison du Silphium* a le dépôt général. Éloignons de

(1) A propos de ces guérisons miraculeuses consignées dans l'une des brochures de MM. Derode et Deffès, nous ferons remarquer qu'on biffe depuis quelque temps la désignation de l'une des personnes qui auraient été guéries. Cette suppression nous intrigue. Nous désirerions savoir si elle a été imposée, et pour quels motifs.

notre esprit cette supposition qui nous est pénible, et passons à un autre sujet.

L'emploi du Silphium, continue M. Derode, n'exclut aucun des moyens *auxiliaires* que le médecin juge à propos de conseiller : huile de foie de morue, frictions iodées, hypophosphites, *médicaments homœopathiques* (1), granules dosimétriques, eaux minérales, etc. Son action réparatrice s'exerce indépendamment de tout ce qu'on peut lui adjoindre. Nous ferons cependant une exception pour les médicaments altérants, comme l'arsenic à haute dose, l'iodure de potassium, etc...

D'ordinaire les NOUVEAUX médicaments, lancés par les petites brochures, ou par la 4e page des journaux, balaient devant eux, comme dangereux ou inutiles, les médicaments antérieurement employés. Le *Silphium cyrenaïcum* se garde bien d'imiter cet exemple. Il veut se préparer un bon accueil dans le monde médical; il tient à vivre en bonne intelligence avec *tous* ses voisins; il est bon prince, pour tout dire en un mot. Sans doute, il peut guérir *tout seul* l'angine catarrhale, la phthisie pulmonaire à tous les degrés, la méningite tuberculeuse, etc. Mais, si l'on veut employer concurremment les eaux minérales, l'huile de foie de morue, les hypophosphites du Dr Churchill, les granules dosimétriques du Dr Burgraeve, qui sont préparés avec les substances les plus énergiques (atropine, émétique, morphine, cyanure de zinc, digitaline, etc.), le *Silphium cyrenaïcum* n'y fera aucune opposition. Il acceptera, sans s'en émouvoir, le contact, j'allais dire le concours, de ces agents si actifs et si dangereux que MM. Derode et Deffès, par un heureux choix d'expressions, appellent des *moyens auxiliaires*, et qui ne permettront guère assurément de faire à chacun sa part dans les succès ou dans les revers.

Du reste, que les disciples de Hahnemann se rassurent : *même les médicaments homœopathiques* ne seront pas exceptés; ils pourront cheminer côte à côte avec le Silphium cyrenaïcum, sans gêner en rien ses mouvements, et sans être gênés par lui.

---

(1) Les médecins homœopathes seront peu flattés sans doute de voir le traitement homœopathique rangé parmi les moyens *auxiliaires*, absolument comme le jus de bifteck.

Jusqu'ici, nous avions entendu dire que les remèdes homœopathiques n'aimaient pas à rencontrer, dans l'organisme, d'autres agents médicamenteux, et qu'ils devaient faire seuls leur œuvre, pour qu'elle fût faite utilement. Mais MM Derode et Deffès ont *changé tout cela*. Ils ont renversé les obstacles et promulgué leur décret. Inclinons-nous.

Evidemment la panacée qui s'appelle *Silphium cyrenaïcum* est privilégiée entre toutes. Rien ne peut entraver sa marche, pas même le *traitement homœopathique*. Précieuse immunité! Admirable coïncidence, puisque MM. Derode et Deffès débitent ici, les globules homœopathiques, et là les granules de Silphium. Si, par malheur, il y avait eu antagonisme, il aurait fallu faire relâche pour la vente du Silphium lorsque les médicaments homœopathiques auraient occupé le terrain, et réciproquement. N'est-il pas heureux qu'il n'y ait point antagonisme, et tout n'est-il pas pour le mieux dans le meilleur des mondes de la spéculation?

Si j'avais pu prévoir cette polémique, dit M. Derode, page 11, j'aurais apporté de la Cyrénaïque quelques échantillons de racines entières que j'aurais mises à la disposition des savants qui ont eu à donner leur opinion, sans avoir les pièces nécessaires.

Si j'avaïs pu prévoir cette polémique est tout simplement splendide; c'est un véritable chef-d'œuvre, un monument de premier ordre, devant lequel il est impossible de ne pas s'arrêter quelques instants.

Eh! quoi, depuis six ans, on répète sur tous les tons au Dr Laval que son Thapsia Silphium n'est pas autre chose que le Thapsia garganica de l'Algérie, de l'Espagne, de l'Italie..., le Thapsia de Bertherand et de Reboulleau, exploité depuis vingt ans par le pharmacien Leperdriel; il rencontre cette objection à Paris, à Valenciennes, en Afrique, et jusque dans l'ouvrage de son ami le pharmacien-major Cauvet; au Muséum d'histoire naturelle, il la discute de vive voix, ses graines en main, et il perd son procès; au Conseil de santé des armées, il n'est pas plus heureux; partout il se heurte à ce Thapsia garganica qu'on lui oppose; de tous côtés part le même cri : montrez-donc votre plante, ou tout au moins quelques-unes de ses parties, les fleurs, les feuilles, les racines, et confondez vos contradicteurs. M. Cauvet, las de n'avoir sous ses yeux que des débris, bien que Laval eût fait déjà deux voyages en Cyrénaïque, insiste dans le même sens et lui remet naïvement, lors de la troisième excursion, un carton rempli de papier à dessécher pour qu'il rapporte enfin des échantillons complets. Et son compagnon de voyage, qui connaît tous ces faits, et bien d'autres encore, n'hésite pas à écrire cette phrase sublime : *si j'avais pu prévoir cette polémique !!!*

Quoi qu'il en soit, le Dr Laval, qui donnait à son voyage un cachet scientifique et humanitaire, obtient un congé avec solde entière, et il se met en route avec son associé. M. Derode revient seul (1), et, cette fois encore, il ne rapporte pas un seul spécimen du Silphium cyrenaïcum ! ! Il y a, à Syracuse, le 28 septembre 1874 (c'est le *Petit Moniteur* à 5 centimes qui nous l'apprend), un navire chargé de la précieuse plante, et dans cette cargaison on chercherait en vain une feuille entière, une fleur, une racine ! ! La racine offre *depuis quelque temps* le caractère distinctif le plus sûr, et on n'en rapporte pas une seule, après trois voyages successifs dans un pays lointain!!! Avions-nous raison de dire que tout est étrange dans cette affaire du Silphium ?

Mais écoutons encore *l'explorateur de la Cyrénaïque* :

> A mon premier voyage aux ruines de Cyrène, dit-il avec candeur, je ne manquerai pas d'apporter des racines entières.

C'est bien cela : prenez patience, ô vous tous que cette question intéresse, savants, botanistes, médecins et malades ; attendez le futur, le très-futur voyage. D'ici là, sera ouverte une boutique spéciale pour la vente du Silphium cyrenaïcum et du

(1) Tandis qu'ils étaient à Dernah pour faire leur récolte, le bruit se répandit qu'une maladie grave sévissait au Merdj, à vingt lieues de Benghazi. Laval s'y rendit et constata les symptômes de la peste. Il soigna les malades avec le plus grand dévoûment ; quinze jours après il succombait aux atteintes du fléau.

véritable jus de bifteck. D'ici là, les brochurettes avec le récit des guérisons miraculeuses seront lancées à toute vapeur. D'ici là, la 4e page des journaux aura fait son office, et ..... la pièce sera jouée.

Plus tard on vous montrera les racines, peut-être même la plante entière! Prenez patience, amis lecteurs (1).

---

(1) Dans sa lettre à la *Société botanique de France*, le Dr Reboud, l'intime ami de Laval, disait : « Nous serons heureux de savoir que les récoltes de notre infortuné collègue sont parvenues en France, et qu'elles ont été confiées à l'examen de nos plus savants maîtres, qui pourront étudier sérieusement, pour la première fois peut-être, le Thapsia silphium au point de vue de l'espèce, et nous dire ce qu'il peut avoir de commun avec le Silphion des anciens. »

Les espérances du Dr Reboud étaient bien naturelles et bien légitimes, mais elles ne devaient pas se réaliser. Après le troisième voyage, pas plus qu'après les deux premiers, on n'a pas jugé à propos de montrer aux savants la précieuse plante; on n'en a rapporté aucun échantillon; on ne *prévoyait pas cette polémique*. Ce mystère persistant n'équivaut-il pas à la plus sévère des condamnations?

RÉFUTATION DE LA NOTE

de M. Cauvet

Pharmacien-major à l'hôpital militaire de Nancy.

Le 14 décembre 1874, M. Cauvet, pharmacien-major à l'hôpital militaire de Nancy (précédemment à l'hôpital militaire de Constantine, avec le Dr Laval), lisait à la *Société botanique de France*, sur le sujet que nous traitons, un mémoire qui était lu d'autre part, en son nom, par M. Poggiale, à la *Société de pharmacie de Paris*, le 3 avril 1875 (1).

Ce mémoire manque de précision et de clarté; il présente des contradictions qu'on s'explique difficilement, et, de plus, il ne conclut pas (2).

Si on se bornait à une lecture rapide, on pourrait croire que M. Cauvet admet la similitude du Silphium de Laval et du Silphion des anciens, et qu'il vient prêter son appui à ceux qui exploitent la plante cyrénéenne. On se tromperait complétement. En lisant son travail avec attention, on constate bientôt

(1) Nous devons à l'obligeance de M. de Schœnefeld, secrétaire général de la Société botanique de France, enlevé prématurément à la science, communication de l'épreuve du compte rendu de la séance dans laquelle ce mémoire a été lu.

(2) M. Cauvet a le tort d'écrire tantôt Silphion, tantôt Silphium, pour la plante de Laval ; c'est une cause de confusion. Il eût été plus naturel d'adopter, comme nous l'avons fait, le mot *Silphion* pour la plante ancienne et le mot *Silphium* pour la plante moderne.

que le pharmacien-major de Nancy n'a pas *d'opinion arrêtée*, et que lorsqu'il semble exprimer une conviction personnelle, il est tout simplement l'écho de son ami Laval, et écrit en quelque sorte sous sa dictée.

1° M. Cauvet *n'a pas d'opinion arrêtée*, puisqu'on lit dans son mémoire les phrases suivantes :

« La note de M. Stanislas Martin regarde comme jugée une » question que nos connaissances actuelles ne permettent pas » de résoudre, et qu'un voyage dans la Pentapole Libyque » peut seul éclaircir. »

« Il *se peut* que le Dr Laval ait retrouvé le Silphion des » anciens. »

« Si la plante de Laval est le Silphion des Grecs...... »

« J'affirme que le mystère qui planait sur le Silphion » des anciens subsiste complétement. »

2° M. Cauvet *est tout simplement l'écho de Laval*, puisqu'on lit dans son mémoire :

« *Selon Laval*, les Algériens réfugiés en Cyrénaïque affir- » ment..... »

« *Selon Laval*, les racines du Silphium cyrenaïcum atteignent parfois un mètre de long..... »

« *Selon Laval*, les fruits du Silphium cyrenaïcum sont dévorés avant leur maturité..... »

« *Selon Laval*, le Silphium cyrenaïcum diffère du Thapsia garganica..... »

Si l'on n'était pas convaincu que M. Cauvet se borne à traduire les assertions de Laval, et qu'il n'entend, en aucune façon, prendre le Silphium cyrenaïcum sous son patronage, il suffirait de lire le passage suivant de son mémoire, pour n'avoir plus aucun doute à cet égard :

« Dégagé de toute préoccupation mercantile, dit M. Cauvet, » j'ai lu avec le plus vif regret les réclames insérées à la » 4e page des journaux politiques. Affirmer ce que l'on ignore » avec une arrière-pensée de gain, me semble un acte peu » digne de notre profession. Je crois donc devoir protester

» d'avance contre toute supposition qui me ferait le compère
» de certaines gens. » (*Bulletin de la Société botanique*, 1875.)

Bien que le travail du pharmacien-major de Nancy reflète surtout les opinions du Dr Laval, il importe de jeter un coup d'œil sur quelques passages de ce mémoire, et de les réduire à leur juste valeur.

« Les anciens, dit M. Cauvet, connaissaient le Thapsia et le
» Silphion, et ils distinguaient soigneusement ces deux plantes
» par leurs propriétés. Si les deux plantes eussent été iden-
» tiques, etc. »

Personne n'a dit (sauf M. Stanislas-Martin qui s'est incontestablement trompé) que le Silphion des anciens fût la même plante que le Thapsia. C'est le Silphium de MM. Laval et Derode que nous déclarons entièrement semblable au Thapsia garganica, par ses graines, par ses feuilles, par son suc. Il semble que M. Cauvet va combattre cette opinion, et, par une erreur inexplicable, il nous parle du Silphion des Grecs, qu'il compare au Thapsia garganica.

« Si Laval n'était pas mort, continue M. Cauvet, j'aurais en
» ce moment la plante qu'il croyait être le *Silphion*, et je
» pourrais dire si elle est, oui ou non, le Thapsia garganica. »

Le pharmacien-major de Nancy se complaît évidemment dans les illusions. L'exhibition de la plante eût été l'écroulement de l'édifice élevé par MM. Laval et Derode ; par conséquent Laval aurait procédé après le troisième voyage, comme après les deux premiers : il n'aurait pas montré la plante. On voit avec quel soin son compagnon de voyage l'a tenue sous le boisseau après la troisième excursion en Cyrénaïque.

« On sait quelle vitalité gardent les graines enfouies dans
» le sol, dit encore M. Cauvet. Si la plante de Laval est le
» Laserpitium des Latins, je puis affirmer que les graines
» conservent leurs propriétés germinatives pendant plusieurs
» années. »

Je cherche un rapport quelconque entre ces propriétés germinatives des graines pendant plusieurs années, et la disparition du Silphion depuis les premiers siècles de l'ère chrétienne.

« Si Laval eût reconnu le Silphium Cyrenaïcum dans le
» Thapsia garganica de l'Algérie, dit M. Cauvet, il ne serait
» pas allé à *ses frais* chercher en Cyrénaïque ce qu'il trouvait
» si abondamment autour de Constantine. Jusqu'à preuve du
» contraire, le doute est commandé. »

Il est de notoriété publique, et M. Cauvet ne l'ignore pas, que le Dr Laval s'était associé avec M. Derode, pharmacien homœopathe, pour l'exploitation du produit cyrénéen. C'est donc avec un bailleur de fonds qu'il avait fait les deux derniers voyages (il avait du reste obtenu un congé avec solde entière). Ajoutons que la spéculation a des mystères qu'il n'est pas toujours bon de sonder.

Ecoutons encore le pharmacien-major de Nancy :

« Théophraste dit : Le Silphion a des racines nombreuses
» et épaisses ; la racine a l'écorce noire (liv. VI, chap. III).
» On voit, dit M. Cauvet, que la *description* de la racine
» donnée par Laval se rapproche absolument de celle qu'en
» donne Théophraste. »

Que le Dr Laval et M. Derode trouvent que c'est là une *description*, et qu'ils s'en contentent, cela se comprend de reste; mais que M. Cauvet y découvre une similitude *absolue* avec la description faite par Laval de la racine de son Silphium, c'est tout à fait singulier. En effet, si Pline et Théophraste parlent de racines *nombreuses* et *épaisses*, ils ne disent pas, ainsi que nous l'avons déjà fait remarquer, qu'elles fussent divergentes, horizontales, *traçantes*, rameuses.

Ce qui est non moins singulier, c'est que M. Cauvet, à l'exemple du Dr Laval et de M. Derode, s'arrête en chemin au moment où il lit la description de Théophraste, et qu'il ne note pas ce caractère essentiel : *les feuilles sont semblables à celles du persil*, ce caractère qui devait l'avertir immédiatement qu'il faisait fausse route en parlant de la similitude des deux descriptions (voir pages 20, 21).

« Les opinions de M. Cosson, ajoute M. Cauvet, basées sur un

» savoir incontesté, ont une valeur incontestable. Mais si le » specimen qu'il a vu est incomplet, croit-il pouvoir affirmer » absolument que le Thapsia de la Cyrénaïque est le même que » celui de l'Algérie ? Je m'en rapporte à sa décision. »

La décision du savant botaniste est connue depuis longtemps, et c'est M. Cauvet lui-même qui nous la transmettait, il y a six ans, à la page 320 de son livre : « M. Cosson, dit-il, à qui » nous avons communiqué la description du Silphium faite par » Laval, y a reconnu aussi le Thapsia garganica. »

Cette décision n'a pas été modifiée par l'examen qu'a fait M. Cosson du spécimen de Thapsia Silphium que contient l'herbier de Viviani. M. Cauvet suppose, on ne sait pourquoi, que cet échantillon est incomplet. Parce qu'il a plu au Dr Laval de dire de son Thapsia Silphium que les racines sont divergentes, horizontales, rameuses, le pharmacien-major de Nancy prétend que l'échantillon de l'herbier de Viviani *devrait présenter* des racines latérales aussi développées que la racine centrale, et il voudrait qu'on retrouvât tout au moins, sur les côtés de cette dernière, les traces des racines latérales disparues!! M. Cauvet n'ignore pas cependant que les racines des plantes vivaces sont tantôt simples, tantôt deux fois, quatre fois, six fois bifurquées, suivant leur âge.

Du reste la similitude absolue des *graines* et des *feuilles*, et l'identité des éléments histologiques des racines, dans le Silphium cyrenaïcum et dans le Thapsia garganica, dissipent tous les doutes.

« Laval m'avait prié, dit M. Cauvet, de lui préparer des extraits aqueux et alcooliques *avec ce qui lui restait de poudre* (c'est toujours en *poudre* qu'il montrait sa plante). Depuis son départ, j'ai préparé de l'extrait aqueux de *Thapsia garganica*.....

Et M. Cauvet se met à comparer l'extrait de *Silphium cyrenaïcum* et l'extrait de *Thapsia garganica ;* et comme il croit y trouver certaines différences de goût, de couleur, d'odeur, etc. (que d'autres d'ailleurs ne constatent pas), il se demande si les deux plantes ne seraient pas différentes. C'est la première fois assurément qu'un botaniste se prononcerait sur la *similitude* ou sur la *dissemblance* de deux plantes, par l'examen de leurs *extraits*. Outre que la couleur, la saveur et l'odeur des extraits peuvent varier, suivant une foule de circonstances, il suffit qu'on puisse supposer qu'une substance étrangère a été mêlée à la *poudre* de Silphium cyrenaïcum dans le but de dérouter le contrôle, pour que l'argument tiré des extraits par M. Cauvet soit absolument sans valeur.

Encore une fois, nous avons une meilleure pierre de touche, c'est l'identité des graines, des feuilles, etc.

M. Cauvet s'appuie sur les témoignages d'Avicenne, de Synésius, d'Oribase, d'Aétius...pour affirmer que, dès le IVe siècle, le Silphion avait repris sa place dans la thérapeutique.

« Oribase, dit-il, connaissait et employait le suc de Silphion.
» Dans les divers passages de son livre, où il en parle, il s'ex-
» prime toujours au présent; nulle part il ne dit : *olim*, autre-
» fois. »

Malheureusement pour M. Cauvet, sa citation latine d'Oribase qui parle *au présent*, est copiée mot pour mot, ou à peu près, dans Dioscoride; et pour qu'il ne puisse pas douter de son erreur, nous allons mettre en regard le passage emprunté par lui au médecin du IVe siècle, et le passage de Dioscoride, d'après le texte latin d'un traducteur florentin, Marcello Vergilio (1) :

Oribase.	*Dioscoride.*
Colligitur e radice scarificatâ et item caule, ex Silphio liquor, in quo genere præstat is qui rubescit;	Colligitur ex Silphio liquor, scarificatis radice et caulibus; habet que primæ bonitatis estimationem qui non adeo rufo colore est;
At pellucidus est, quique myrrham olet et odore valet, gustuque suavi ;	Qui lucem transmittit, qui myrrham olet firmeque odore sentitur ;
Non porraceus, neque cujus immitis gustus est, et qui cum diluitur, facile exalbescit.	Damnatur contrà qui porraceo colore viret, immitisque gustu et asperus est, et qui cum diluitur facile albescit.

(1) *Commentaires de Mathiole sur le 3e livre de Dioscoride.* Chap. Silphion, Edit. 1525.

Oribase.	*Dioscoride.*
Cyrenaïcus vero, si quis modicum ejus gustarit, humorem in toto corpore ciebit.	Cyrenaicus, si tantillum etiam ex eo aliquis in os sumpserit, toto corpore sudoris meo humiditatem cit.
At medicus et syriacus imbecilliores sunt, sed magis virosum odorem reddunt.	Minore ui efficaciaque, et virosiore odore sunt medicus et syriacus.
Liquor omnis, priusquam siccatus fuerit adulteratur incito sagapeno, aut lomento fabarum ;	Adulteratur liquor hic omnis antequem siccetur, admixtis aut sagapeno aut lomento fabæ ;
Quod gustu, odore, aspectu et diluendo, deprehenditur....	Verum deprehenditur gustu, odore, aspectuque, et cum humore aliquo diluitur.

La comparaison de ces deux textes démontre évidemment qu'Oribase ne parlait du Silphion que d'après Dioscoride ; on y trouve les mêmes énonciations dans le même ordre. Elle ne prouve pas le moins du monde *qu'il connaissait et employait le suc de Silphion* ; et s'il s'exprime toujours au présent, sans citer Dioscoride, s'il ne dit jamais *olim*, cela prouve que déjà, au IVe siècle, il y avait des plagiaires et des charlatans.

ÉPILOGUE.

Ce travail était terminé, lorsque j'ai appris que mon excellent collègue et ami, M. Jules Daveau, chef de la section des graines au Muséum, rentrait en France après avoir rempli une mission dans la Régence de Tripoli. Parmi les plantes qu'il a récoltées, et qui ont pris place dans nos galeries de botanique, se trouve le fameux *Silphium cyrenaicum* dont il rapporte une provision considérable *qui permettra de guérir tous les phthisiques présents et à venir.* En comparant les échantillons de cette plante (tiges, feuilles, graines, racines) avec ceux du *Thapsia garganica*, on constate que l'identité est absolue.

M. Daveau apporte donc la solution du problème qui nous occupe, et que l'on s'efforçait de rendre inextricable, comme nous le démontrons dans notre travail.

Le *Silphium cyrenaïcum* du Dr Laval, ou de MM. Derode et Deffès, n'est pas du tout le *Silphion* des anciens ; il est tout simplement le *Thapsia garganica*, que tout le monde peut récolter en Algérie, en Espagne, en Italie, etc....

M. Daveau vient de publier la relation de son voyage ; nous en extrayons quelques fragments :

Parti de Marseille, j'étais quinze jours après à Tripoli, en passant par Malte, où je suis resté pour faire quelques récoltes de plantes. Quatre ou cinq jours après mon arrivée à Tripoli, j'embarquais sur un petit bâtiment arabe qui faisait voile pour Benghazi, d'où j'espérais commencer mon exploration.

Muni de lettres de recommandation pour les Arabes les plus considérés de Dernah, pour quelques chefs bédouins de l'intérieur, et pour le gouverneur de la ville précitée, accompagné d'un interprète, de plusieurs chameliers, de leurs chameaux pour porter les provisions et les récoltes, et d'un cheval comme moyen de locomotion à mon usage, je quittai Benghazi au bout de quatre jours, pour m'enfoncer dans l'intérieur, de manière à traverser la Pentapole libyque de l'ouest à l'est, pour gagner Dernah. (Voir le tracé sur la carte.)

En se dirigeant de Benghazi vers Dernah, et lorsqu'on s'est éloigné du point du départ d'une vingtaine de kilomètres, on est frappé par la régularité qu'affecte la végétation. Les plantes croissent là par zones parfaitement déterminées, comme dans les régions montagneuses. Aucun changement n'existe cependant dans le sol, qui est partout composé d'une argile ferrugineuse fort compacte, mais bien dans l'altitude, qui augmente de plus en plus à mesure qu'on s'avance, quoique cette élévation se fasse insensiblement. Ces zones s'étendent de telle façon qu'on rencontre des lieues carrées couvertes par la même espèce de plante, et dans l'ordre suivant, à mesure qu'on s'éloigne dans la direction de Dernah : *Kentrophyllum lanatum*, *Phlomis Samia*, *Satureia Thymbra*, *Seseli tortuosum*, *Passerina hirsuta*, *Marrubium pseudo Dictamnus*, *Artemisia pyromacha* et *Herba alba* (*Semen contra*), *Poterium spinosum*, *Juniperus Lycia*, *Pistacia Lentiscus* ; ce dernier forme de fort jolis massifs réguliers, comme s'ils étaient taillés.

En approchant de Dernah, les forêts deviennent plus compactes et plus riches en végétaux ; on peut y voir les *Phyllirea angustifolia*, *Olea europæa*, *Arbutus Unedo* (il existe de ce dernier arbuste des forêts entières près des ruines de Lamloudeh), des *Cistus*, des *Rhamnus*, et l'*Ephedra altissima*, grimpant sur les arbres, au milieu du feuillage desquels on aperçoit ses rameaux grêles couverts de fleurs jaunes.

C'est à peu près au milieu de la distance qui sépare Benghazi de Dernah, après la vallée de Méraouah, qu'on trouve les premiers pieds de ce fameux *Thapsia* qu'on rapporte au *Silphion* des anciens.

Quelques renseignements sur cette plante, qui fait tant de bruit depuis quelque temps, ne sont peut-être pas inutiles. En effet la question est désormais résolue : *le Thapsia Silphium* de Viviani *n'est pas autre chose que le Thapsia garganica* de Linné, comme j'ai pu l'observer sur place, et comme le prouvent les échantillons de tiges, feuilles, fruits, etc., etc., déposés à l'herbier du Muséum.

La *racine* de cette plante qui, à tout âge, est d'une couleur brune, de *simple* qu'elle est dans sa jeunesse, devient *rameuse* en vieillissant, comme l'est, du reste, celle du *Thapsia garganica*, lorsqu'il croît dans un sol aride et pierreux, conditions réunies précisément par celui de la Cyrénaïque. Les divisions des racines tantôt s'enfoncent perpendiculairement dans le sol, tantôt se dirigent plus horizontalement ; mais, *dans aucun cas*, elles ne donnent naissance à des bourgeons adventifs en se rapprochant de la surface du sol. Ce mode de multiplication, qu'on disait être le seul de cette plante, est même *matériellement impossible*, puisque les pieds de Thapsia Silphium sont séparés, dans le plus grand nombre de cas, par une distance de 20 mètres. De plus, ils poussent fréquemment dans des trous de rochers où il est facile de se convaincre qu'il leur est impossible de *tracer*.

Les *feuilles* sont exactement divisées comme celles du *Thapsia garganica* , et j'en ai aussi observé à des degrés plus ou moins grands de villosité. Les feuilles dites radicales sont beaucoup plus développées que celles insérées sur la hampe, qui sont toujours *alternes* entre elles (1).

La hampe est glaucescente-pruineuse et légèrement sillonnée. Elle laisse échapper, lorsqu'on la rompt avant sa dessiccation, un suc laiteux qui se concrète à l'air en brunissant. Deux ou trois ombelles la surmontent ; une seule généralement est fertile.

Les *graines* tantôt lisses, tantôt ondulées, qui sont d'un jaune soufre avant leur complète maturité, prennent, lorsqu'elles sont mûres, une teinte plus foncée au centre, avec les ailes de couleur paille. Ces graines sont, dans certaines régions, autour de Dernah par exemple, attaquées *partiellement* par le *Pentatoma lineata*, insecte de l'ordre des hémiptères ; mais à mesure qu'on s'élève au-dessus du niveau de la mer, en se rapprochant du Guégueb ou des ruines de Cyrène (aujourd'hui Grennah), ces insectes disparaissent en grande partie, et le plus grand nombre des ombelles sont intactes. *C'est donc par le semis que se fait la reproduction*, et c'est le seul mode de multiplication naturelle du Thapsia de la Cyrénaïque.

(*Revue horticole*, octobre 1875).

(1) Et non *opposées*, comme pour la plante cyrénéenne, dont les monnaies donnent les dessins.

Avions-nous raison de dire tout à l'heure que la lumière était faite sur cette question ?

Les prôneurs du *Silphium cyrenaïcum* affirmaient que cette ombellifère n'avait rien de commun avec le *Thapsia garganica* ; ils le prenaient même de très-haut avec ceux qui soutenaient l'opinion contraire ;

Or, il est démontré aujourd'hui que les deux ombellifères sont une seule et même plante.

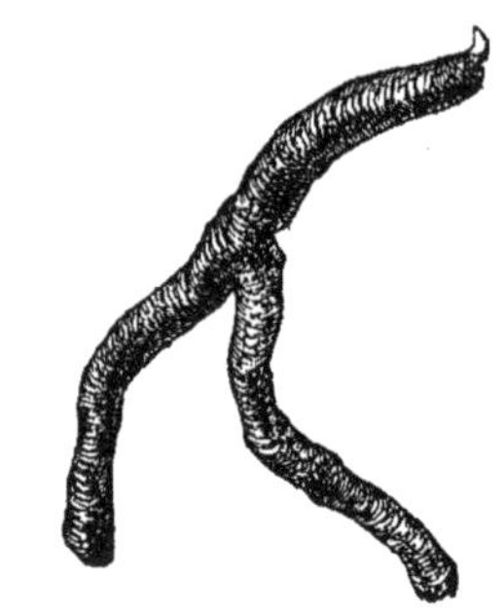

Silphium cyrenaïcum : racine bifurquée.

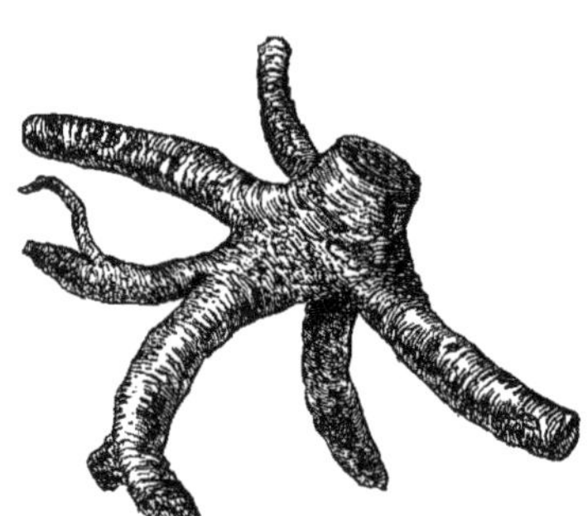

Silphium cyrenaïcum ; vieille souche à racines multiples.

Le Dr Laval avait présenté les graines de son *Thapsia Silphium* comme différentes de celles du *Thapsia garganica* ;

Or, elles sont absolument identiques ; elles présentent les mêmes variations de formes que dans le Thapsia garganica ;

Le Dr Laval avait prétendu ensuite que les feuilles de sa plante n'étaient pas entièrement semblables à celles du *Thapsia garganica* ;

Or, il suffit de jeter les yeux sur les échantillons du Muséum et aussi sur les figures des pages 8 et 9 pour constater combien son assertion était peu fondée.

Thapsia garganica ; racine bifurquée

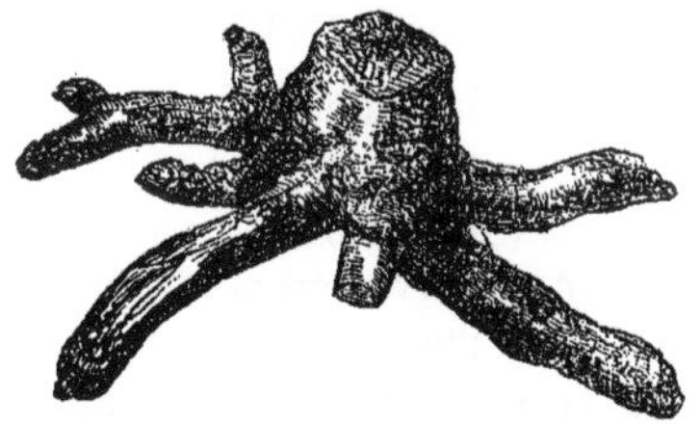

Thapsia garganica ; vieille souche à racines multiples.

Tout récemment, MM. Derode et Deffès décrivaient, après le Dr Laval, la racine du *Silphium cyrenaïcum*, et affirmaient qu'elle était absolument différente de celle du *Thapsia garganica* ; ils ajoutaient, avec une assurance digne d'un meilleur sort, que là était surtout le caractère distinctif ;

Or, en comparant les racines que M. Daveau rapporte de la Cyrénaïque avec celles du Thapsia garganica, on constate qu'elles sont entièrement semblables (voir pages 60, 61).

MM. Derode et Delfès écrivaient, après le Dr Laval, que les racines de leur plante étaient *traçantes*, et donnaient naissance à une nouvelle souche, lorsque les drageons ou les rhizomes rencontraient la surface du sol ;

Or, M. Daveau affirme, de visu, *que rien n'est moins exact; il soutient que ce mode de multiplication, qu'on disait être le seul pour cette plante, est matériellement impossible, et il en donne la raison (voir page* 59).

Le Dr Laval assurait que la reproduction de la plante ne pouvait se faire par les graines, parce qu'elles étaient *toutes* détruites par un insecte de l'ordre des hémiptères (1).

Or, ce fait que nous avions repoussé à priori avec tous les botanistes, est nié par M. Daveau de la façon la plus positive : il affirme que la reproduction de la plante se fait par la graine, et qu'elle ne peut se faire autrement (voir page 59).

Ainsi donc, autant d'assertions, autant d'erreurs.

N'est-ce pas un spectacle douloureux que celui de ces affirmations si manifestement contraires à la réalité des choses, et que le plus simple examen des faits vient briser aussitôt? On pourrait s'attendre à plus de réserve, lorsqu'il s'agit des graves intérêts de la science et de l'humanité.

Le Dr Laval disait dans son mémoire : « Il est à craindre que

(1) Le Dr Laval sollicitait en 1874 le poste de médecin militaire attaché au consulat de Tripoli, pour avoir le moyen, disait-il, d'aller en Cyrénaïque *avant l'époque où les semences arrivent à maturité*. Nous avons eu sous les yeux une grande quantité de ces semences, parfaitement intactes, et notre collègue du Muséum aurait pu en rapporter des hectolitres. Nous avons aussi en notre possession plusieurs spécimens de cet insecte qui n'est pas aussi coupable qu'on l'avait prétendu.

» l'on ne puisse, dans quelques années, se procurer du *Sil-*
» *phium cyrenaïcum*. L'accès de la Cyrénaïque est aujourd'hui
» beaucoup plus difficile qu'à l'époque où une population in-
» dustrieuse récoltait le Laser. »

Qu'on se rassure à ce sujet ; le voyage en Cyrénaïque ne présente pas d'obstacles sérieux ; il suffit d'un interprète, de quelques chameaux, de quelques chameliers, et du ferme désir d'arriver au but.

Le Dr Laval disait encore : « Les conditions de climat et de
» protections nécessaires à la conservation du *Silphium cyre-*
» *naïcum* semblent se trouver réunies en Algérie, comme en
» Provence. »

Ici, mais ici seulement, le médecin-major de Valenciennes avait raison. En effet, le *Silphium cyrenaicum* vient parfaitement en Algérie, sous son vrai nom de *Thapsia garganica*.

Il est donc inutile d'aller chercher en Cyrénaïque le silphium cyrenaïcum (c'est-à-dire le Thapsia garganica), si tant est qu'on veuille l'étudier autrement que dans ses applications extérieures (1).

Quelle est sa valeur thérapeutique? Je l'ignore; mais il faut avouer que si les assertions *médicales* du Dr Laval sont de la même valeur que celles qui viennent d'être réduites à néant, les praticiens seront peu disposés à en faire l'essai.

En rapportant de la Cyrénaïque la plante que l'on dérobait si soigneusement à nos regards, M. Daveau a rendu un véritable service à la science; il a porté la lumière sur cette question qu'on s'efforçait d'embrouiller de plus en plus.

MM. Laval et Derode qui ne montraient ni les *tiges*, ni les *feuilles*, ni les *racines*, reprochaient aux savants d'avoir résolu le problème sur la seule inspection des graines. Aujourd'hui, le problème a été examiné *avec toutes les pièces sous les yeux*, et la solution est absolument la même. Cette solution renferme une sévère leçon, un salutaire enseignement.

Il est désormais acquis, que le *Silphium cyrenaïcum* n'est

---

(1) Le pharmacien Leperdriel l'utilise depuis 20 ans, pour son *emplâtre de Thapsia* si souvent employé comme révulsif.

pas du tout le *Silphion* des anciens, et qu'il est tout simplement le *Thapsia garganica*.

Quant au fameux *Silphion* des Grecs, il reste toujours plongé dans cette espèce d'obscurité mystique qui caractérise tout ce qui appartient à l'histoire de l'antiquité païenne.

APPENDICE

A la page 45 de ce travail, nous nous demandions pour quels motifs on biffait, depuis quelque temps, dans la brochure de MM. Derode et Deffès, la désignation d'une personne qu'on disait avoir été guérie par le *Silphium cyrenaïcum*; et d'autre part, à la page 63, nous posions cette question : Quelle est la valeur thérapeutique du silphium ?

Un procès devant la police correctionnelle (violation du secret médical) intenté au Dr Roussel, l'un des prôneurs du Silphium, faisant la lumière sur ces deux questions, nous allons en reproduire ce qui se rattache à notre sujet.

On lit dans le *Siècle* du 21 novembre dernier :

PRÉTENDUE GUÉRISON. — LE SILPHIUM

Le 27 juin 1875, M. le procureur de la République recevait de M. Grunbaum, fabricant de maroquinerie, rue Notre-Dame-de-Nazareth, une plainte accusant le Dr Roussel d'avoir publié, dans une brochure sur le *Silphium cyrenaïcum* un cas de prétendue guérison de Mme Grunbaum. L'honorable négociant s'exprimait ainsi :

« Parmi les médecins auxquels j'ai eu recours, se trouvait le Dr Roussel, médecin homœopathe.

» Les espérances qu'il nous avait données étaient complétement illusoires, j'ai dû le quitter après lui avoir payé les honoraires assez élevés qu'il m'a réclamés.

» Grande était ma surprise en recevant depuis quelque temps de nombreuses visites de personnes malades qui venaient m'apporter une brochure médicale, publiée par M. Derode-Deffès pharmacien, rue Drouot, 2.

» Cette brochure contient, aux pages 17 et 18, une longue observation sur la gravité de l'état de ma femme et la prétendue guérison obtenue par les remèdes du Dr Roussel.

» Je ne tiens pas à passer pour compère dans un acte de charlatanisme, et cependant les affirmations contenues aux pages 17 et 18, me désignent clairement dès la première ligne : « M. H. Gr..., grand fabricant de maroquinerie, rue Notre-Dame-de-Nazareth. » Il n'y a que moi de fabricant de maroquinerie rue Notre-Dame-de-Nazareth qui s'appelle M. H. Grunbaum.

» Il m'est impossible, monsieur le procureur de la République, d'échapper sans votre intervention au danger de passer pour complice d'une publication mensongère. »

C'est à la suite de cette plainte que le Dr Roussel comparaissait, le 18 novembre dernier, devant la 8e chambre (police correctionnelle).

Voici les principaux passages du jugement qui a été rendu :

« Attendu qu'il est constant en fait, et d'ailleurs reconnu par le prévenu, que Roussel a donné des soins à la dame Grunbaum, atteinte d'une maladie de poitrine;

» Qu'au cours de la maladie de cette dame, il a fourni aux sieurs Derode et Deffès, pharmaciens à Paris, une notice signée Dr R., dont il se reconnaît l'auteur, et publiée dans une brochure ayant pour titre : « *Traitement curatif de la phthisie pulmonaire à tous les degrés, de la phthisie laryngée, et en général des affections de la poitrine et de la gorge, par le Silphium cyrenaicum.* »

» Attendu que dans cette notice, deux pages imprimées en petit texte sont consacrées à la description, dans ses détails les plus intimes, de la maladie de Mme Grunbaum et des divers traitements qu'elle a suivis;

» Que pour faire ressortir la supériorité du traitement prescrit par le Dr Roussel il est énoncé que le confrère qui l'avait soignée avant ce dernier, ayant complimenté la dame Grunbaum sur les bons effets d'un vésicatoire qu'il avait prescrit (et qu'elle n'avait eu garde de mettre), cette circonstance n'empêchait pas la maladie de marcher vers son déclin, »

» Et qu'enfin, au dernier paragraphe de la brochure, la dame Grunbaum est signalée comme se portant bien, *alors qu'en réalité elle attend encore la guérison ;*

» Attendu que cette publication pour laquelle il n'est justifié d'aucune autorisation de la part des époux Grunbaum, et dont Roussel a, non-seulement fourni les éléments, mais qu'il a signée de son nom et de la mention de sa qualité, ledit Roussel a méconnu les devoirs de sa profession en révélant un secret dont il n'était dépositaire qu'à raison de sa qualité de médecin ;

» Qu'à la vérité la dame Grunbaum n'est désignée dans la brochure que par les initiales H. Gr., mais que l'indication de la profession et de la demeure de son mari, comme grand fabricant de maroquinerie dans la rue Notre-Dame-de-Nazareth, où il est le seul qui exerce cette profession, la désigne suffisamment au public comme ayant été l'objet du traitement du Dr Roussel ;

» Qu'aucun doute ne peut exister à cet égard, et qu'il suffit pour s'en convaincre, de se reporter à la déposition du sieur Grunbaum qui, tant dans sa plainte à M. le procureur de la République, que dans ses affirmations réitérées à l'audience, déclare que depuis la publication de cette brochure, sa maison est assiégée par une procession de visiteurs, circonstance de nature à jeter le trouble et l'inquiétude dans l'esprit *de sa femme toujours malade* et aggraver ainsi sa position ;

» Attendu que les agissements de Roussel sont d'autant plus répréhensibles qu'ils paraissent avoir été motivés moins par l'intérêt de la science que pour servir de réclame au remède des pharmaciens Derode et Deffès, et venir ainsi en aide à leur spéculation ;

» Par ces motifs,

» Faisant à Roussel application de l'article 378 du Code pénal dont lecture a été donnée par le Président, et qui est ainsi conçu :

Les médecins, pharmaciens et autres officiers de santé, ainsi que les chirurgiens, les sages-femmes et toutes autres personnes dépositaires par état ou par profession des secrets qu'on leur confie, qui hors les cas où la loi les oblige à se porter dénonciateurs, auront révélé ces secrets, seront punis d'un emprisonnement d'un mois à six mois, et d'une amende de cent francs à cinq cents francs.

» Ayant égard aux circonstances atténuantes, et usant de la faculté accordée par l'article 463 du Code pénal;

» Condamne Roussel à 500 francs d'amende et aux dépens. »

Les débats sont clos. La légende s'évanouit, et la vérité scientifique reprend enfin ses droits. Notre but est atteint.

Paris. — Imp. de E. DONNAUD, rue Cassette, 9.

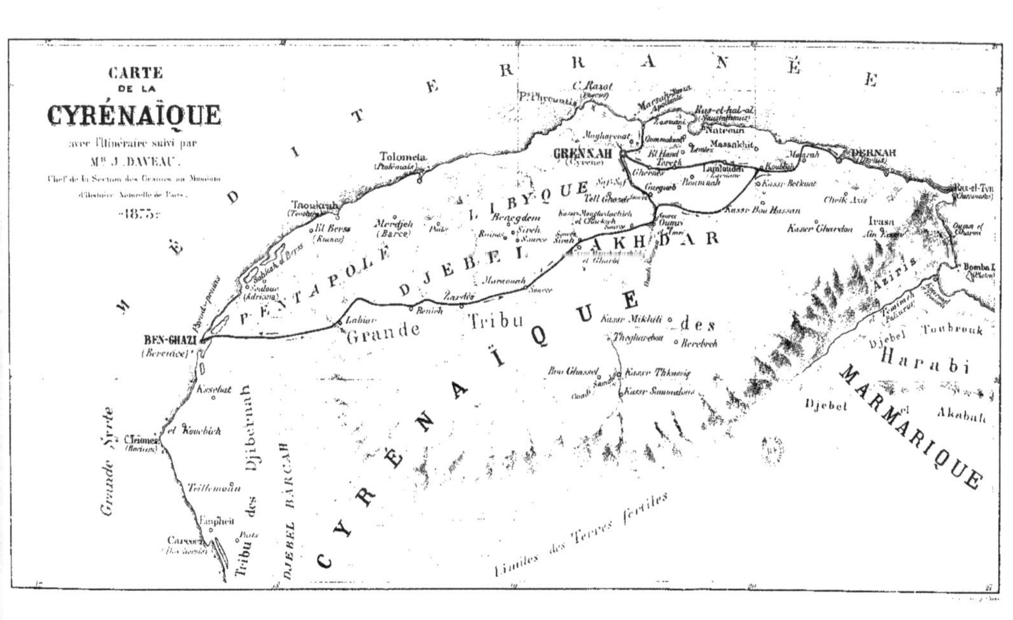
CARTE
DE LA
CYRÉNAÏQUE
avec l'Itinéraire suivi par
Mr J. DAVEAU.
Chef de la Section des Graines au Muséum
d'Histoire Naturelle de Paris.
-1875-
MÉDITERRANÉE
Tolometa
GRENNAH
(Cyrène)
DERNAH
Taoukrah
BEN-GHAZI
Massakhit
Natroun
Ras-et-Tyn
Bomba
PENTAPOLE LIBYQUE
DJEBEL AKHDAR
Grande Tribu des
CYRÉNAÏQUE
MARMARIQUE
Djebel el Akabah
Harabi
Aziris
Toubrouk
Djebel
Irasa
Kasser Gharden
Kassr Bou Hassan
Lamloudeh
Merdjeh
(Barce)
Benegdem
Zardès
Beniéh
C. Teiones
Grande Syrte
Tribu des Djibernah
DJEBEL BARCAH
Limites des Terres fertiles

www.ingramcontent.com/pod-product-compliance
Ingram Content Group UK Ltd.
Pitfield, Milton Keynes, MK11 3LW, UK
UKHW021629260726
13994UKWH00003B/1134

9 782329 427317